本书获2017年教育部人文社会科学研究青年基金项目“中国古代科技典籍英译的诠释学研究”（项目批准号：17YJC740059）资助

诠释学视域下的中国科技典籍英译研究

刘性峰 著

南京大学出版社

图书在版编目(CIP)数据

诠释学视域下的中国科技典籍英译研究 / 刘性峰著.
— 南京 : 南京大学出版社, 2020.11
ISBN 978 - 7 - 305 - 23316 - 6

Ⅰ. ①诠… Ⅱ. ①刘… Ⅲ. ①科学技术—古籍—英语
—翻译—研究—中国 Ⅳ. ①N092②H315.9

中国版本图书馆 CIP 数据核字(2020)第 107480 号

出版发行 南京大学出版社
社　　址 南京市汉口路 22 号　　邮　编 210093
出 版 人 金鑫荣

书　　名 诠释学视域下的中国科技典籍英译研究
著　　者 刘性峰
责任编辑 张淑文　　编辑热线 025(83592401)

照　　排 南京南琳图文制作有限公司
印　　刷 江苏凤凰数码印务有限公司
开　　本 718×960 1/16 印张 16.25 字数 234 千
版　　次 2020 年 11 月第 1 版 2020 年 11 月第 1 次印刷
ISBN 978 - 7 - 305 - 23316 - 6
定　　价 80.00 元

网址: http://www.njupco.com
官方微博: http://weibo.com/njupco
官方微信号: njupress
销售咨询热线: (025) 83594756

序

刘性峰是我招收的第二位博士。欣闻其《诠释学视域下的中国科技典籍英译研究》即将由南京大学出版社出版，内心非常高兴。据我所知，这本书是从诠释学角度系统研究中国科技典籍英译的第一部专著，其意义和重要性不言而喻。

性峰读博期间，与他就研究方向和博士论文题目的讨论，我仍记忆犹新。当时，与文学典籍翻译研究、哲学典籍翻译研究等相比，科技典籍翻译研究仍处于“受冷落”的状况。我就征求他的意见，鼓励他投身冷门，把中国科技典籍翻译研究作为研究方向，未来的博士论文也聚焦科技典籍翻译。性峰很快就答复我，他愿意在此领域耕耘。他认为，这是一片沃土，辛苦劳作，必有收获。果不其然，从 2014 年到现在，只有短短六年时间，性峰在中国科技典籍翻译研究领域已经很有心得，在外语类学术刊物上发表论文近 20 篇，真是可喜可贺。

性峰选取诠释学角度研究中国科技典籍翻译，原因有三：一、中国科技典籍需要研究者的理解与诠释；二、翻译本身就是一种诠释，已有研究较少从诠释学角度系统考察中国科技典籍英译现象；三、从诠释学的视角系统探究中国科技典籍英译具有重要的学理意义、文化价值和方法论启示。

众所周知，中国科技典籍文本与当代科技文本在语言风格、思维方式、认识特征等方面有较大差异。中国科技典籍一个十分重要的特点是其文本的混合性。中国科技典籍大都是一种“混合语体”，既有科学性，又有文学性与哲学性。中国科技典籍的这些重要属性值得研究；中国科技典籍翻译是如何体现和反映这些属性的也值得研究。

性峰在本书中对中国科技典籍的哲学性、文学性和科学性都作出了回答。他认为，中国科技典籍的哲学性主要体现在"天人合一"的有机整体观、从整体直观而来的象思维，以及对许多中国古代哲学概念的引用，如阴阳、道、气、五行等。中国科技典籍的文学性主要体现在其修辞性和隐喻性。中国科技典籍的科学性在诸多方面同"西方的科学"存在较大差异。除了具备当代科技的一些特点外，中国科技典籍有其特殊性和异质性，主要表现在本体特征、认识方式、语言表征、研究方法等层面以及由这几个层面构成的整体运作系统。

接下来，性峰从诠释学视角，在本体论、认识论和方法论三个层面描述译者翻译中国科技典籍时存在的诠释异同，并尝试对这种异同作出解释，对译者采取的诠释策略进行归纳总结，旨在为此类文本的译介与传播提供有益借鉴。除了宏观的理论探讨，他还以四部中国科技典籍（《黄帝内经·素问》《墨子》《淮南子》《梦溪笔谈》）的不同英译本为语料，从中国科技典籍的本体根源性范畴、本体属性、文本特征、科技方法等角度探讨中国科技典籍与当代科技文本的异同，比较、分析和描写不同译者对该类文献的翻译和诠释，既分析研究影响中国科技典籍翻译诠释的因素，又描述归纳译者翻译此类文献时采用的诠释策略。

就本体论而言，该书从中国古代科技本体根源性范畴（道、气、阴阳、五行）与本体属性（哲学性、人文性、直觉性/经验性）出发并结合具体实例，深入探究了译者在翻译过程中如何诠释原作，发现译者的诠释方式可分为：自证式诠释、描述性诠释、自解性诠释；同时，拼音直译法有助于阐释中国科技典籍本体的内涵。从认识论来看，该书围绕中国科技典籍的客体（科技典籍文本）和诠释的主体（译者）进行研究，发现中国科技典籍文本的多义性与修辞性加大了作为诠释主体的译者的权利，而译者的诠释也受到文本语境的限制。因此，中国科技典籍的翻译过程是译者对原文认知诠释和再建构的过程。译者的主体性主要受其前理解、主体间性（译者与赞助人、译者与作者、译者与读者）以及视域融合的影响。中国科技典籍译者的诠释虽然彰显其主体性，但是，这种主体性并非是任意的，须受其自身属性的制约。从方法论来看，该书主要依循中国古代科技方法(如象思维方法、逻辑方法、观察法等)对中国科技典籍文本的英译和阐释展开研究。

我认为,性峰的研究在以下方面体现了其创新之处。首先是语料新。突破了以往研究多以单个科技典籍作品为分析对象的局限,将研究语料扩展至《黄帝内经·素问》《墨子》《淮南子》《梦溪笔谈》等四部科技典籍的不同英译本。这样做的好处是能对中国科技典籍各类英译本有一个较为宏观的了解,进而进行较为深入的比较。其次是研究领域新。既有对具有综合科技特征的典籍如《梦溪笔谈》《淮南子》英译的观照,又有对个别领域典籍如《黄帝内经·素问》英译本的考察,以及对极富当代科学逻辑特征的《墨子》英译的探究。第三,理论视角新。研究以诠释学为视域,系统考察中国科技典籍英译,为探讨此类文献的英译研究提供了一种具有系统性特征的理论视野与探索路径。最后,在学科建设方面,该书是将诠释学应用于中国科技典籍英译研究的一次有益尝试,既可以丰富翻译学和诠释学的理论建设,又可以提高和深化人们对中国科技典籍翻译诠释属性的认识。

当然,研究中国科技典籍翻译除了从本体论、认识论、方法论入手之外,还可从历史论、目的论、应用论以及传播论等视角进行全方位多角度考察。我曾在某外语刊物"典籍英译专栏"的主持人话语中说过,中国典籍英译研究要解决"何为译""为何译""译何为"的问题,进而回答"怎么译""能否译""谁来译""怎么评""为何这样评",以及"怎么有效传播"的问题。中国典籍英译研究要力求研究内容立体化、研究范式多元化、研究方法多样化。我认为,中国科技典籍英译研究面临的问题也是如此。中国科技典籍翻译属于跨时代、跨语言、跨文化、跨科学范式的交流与碰撞。如今,中国科技典籍翻译研究借用的理论日益多元化,如认知语言学、语料库语言学、接受美学、阐释学、传播学等。这些理论研究对于我们认知中国科技典籍翻译,描述其翻译规律并作出科学的解释大有裨益。性峰的研究无疑在这方面走在了前面。

在结束序言之前,我要谈谈对刘性峰的印象。性峰原为汪榕培教授的硕士生,很受汪老师青睐。我也给他上过课,对他比较了解。他为人忠厚、勤勉好学，成绩优异，在校期间就有高质量论文发表。在研三时还去西藏支教7个月，受到当地师生的一致好评。毕业后去南京高校，一直对典籍英译研究情有独钟，也一直想报考典籍英译方向的博士生。我很高兴能与性峰再续师生缘，再辟新领域。正如性峰所说，写博士论文的过程是一次心理淬炼的过程，是学术生命真正开始，并得以升华的远足跋涉。当年在博士论文答辩时，性峰的论文和论文答辩曾受到答辩委员会一致好评，是唯一的论文等级优秀、答辩优秀。

我最后想说的是，个人的学术生命是短暂的，但如能找到学术生命的传承人，我们的学术生命就能得到延续。我的恩师西南大学江家骏教授是吴宓先生的关门弟子。他在九十岁高龄时曾手书苏轼《赤壁赋》赠我，题曰："寄蜉蝣于天地，渺沧海之一粟。哀吾生之须臾，羡长江之无穷。"我收到恩师的墨宝，感动不已。古往今来，生命短暂，但薪火相传，人类并没有因此绝迹。我想，学术生命也是如此！祝愿性峰学术之路越走越顺，越走越宽广！

王　宏

2020年7月23日

目　录

第一章　绪　论

1.1　研究背景

在人类发展的进程中,中国古代科技16世纪以前一直处于世界领先地位,许多领域的成果同时代其他文明难以望其项背。这些科技成果内容丰富,范围广泛,几乎无所不包,今天的科技领域在当时几乎均有涉及,例如纺织、算学、农林、陶瓷、丝绸、天文、地理、航海、造纸、制墨、军事、冶炼、物理、制漆、机械、园艺、医药等。中国古代科技文明成果与思想一直处于同其他文明交流的态势之中,比如,古代中国同亚洲其他国家(诸如印度、日本、朝鲜等国)的科技文化交流。"在历史上,中国和欧洲之间文化交流的桥梁是中亚地区和阿拉伯世界,西方关于中国的许多知识是经过中亚地区和阿拉伯文明这个中间环节的。"(张西平,2012:序言14)这种不同文化、不同文明之间对话与交流的最主要方式就是翻译[①]。故此,译介和传播中国科技典籍意义深远。

在中国文化"走出去"的大背景下,国家鼓励优秀的传统科技文化向

① 翻译与英译:本书是对中国科技典籍英译的研究,故大部分用"英译"一词,但也有某些部分采用"翻译"一词,一方面是因为文献综述部分涉及的某些研究本来即使用此术语;另一方面是为了表达更为宽泛的意义。

海外译介，助推更多中国古代科技文化同其他科技文化的沟通交流，实现不同科技范式之间的互译、互动、互益，促进世界科技范式多样化图景的构筑。在此语境下，如何以科学、适恰的方式翻译、介绍、叙述、诠释和传播优秀的中国古代科技文化显得尤为重要。那么，应该以怎样的方式翻译古代科技文献呢？

究其本质，翻译是“理解—解释”的过程。那么，接下来的问题是，在翻译过程中如何理解和诠释中国科技典籍作品？影响译者诠释的因素有中国古代科技自身的属性、中国科技典籍文本特征、译者的主体性等。有必要考察以上诸要素对于译介此类作品的重要影响。

传统观点大都将自然科学与人文科学阻隔开来，认为自然科学是纯粹的真理问题，无须人的诠释；而人文科学关涉人类的精神，必须依赖阅读者的诠释才能实现正确理解。狄尔泰（Wilhelm Dilthey）是较早进行这种科学划界的哲学家，其“自然需要说明，精神需要理解”的论断成为许多人为科学划界的依据和标准（陈海飞，2005：27）。此外，自然科学与人文科学的差异反映了认识方式的对立，黄小寒（2002：8）认为，“自然科学与人文科学被界定为两种完全不同，对某些人来说甚至是截然对立的认识方式”。罗伯特·克里斯（Robert Crease）（1997：260）也认为，自然科学不需要诠释学[①]介入。然而，这种划界并不能够反映科学发展的真实态势。“复杂性范式”的提出者埃德加·莫兰（Edgar Morin）（2008：5）将经过人为阉割过的自然科学与人文科学之间的分殊称为“简单化范式”，认为这种简化方式是单面的、肢解性的，遮蔽了二者之间的相互关联、相互作用、相互干预的内在属性，屏蔽了自然科学需要诠释的基本事实，同时也阻隔和遮蔽了译者对科技作品多元、动态诠释的思想空间，限制了其翻译自由，减少了科技翻译本来具有的诸多可能性理解与诠释，对于中国科技典籍及其翻译而言尤其如此。

人的生存离不开理解与解释，人要与周围的事物、人、环境打交道，必

① 诠释学（Hermeneutics），又译为“解释学”“阐释学”“释义学”等，本研究统一使用“诠释学”。另外，本研究中的“解释”“阐释”同“诠释”。

须先对其作出理解,并进而作出解释,更不用说创作、阅读、实验等高级智力活动了。“人们时刻处在理解与阐释状态之中,并且总是对理解与阐释如何可能以及如何发生的问题有所领会。”(李清良,2001:5)本研究认为,从诠释学角度研究中国科技典籍翻译主要源于以下三个层面的原因:科技诠释学的发展、中国古代科技自身的属性、诠释学对翻译研究的贡献。

首先,科技诠释学的发展证明了科技诠释的必要性。20 世纪 80 年代以来,哲学、科学诠释学、科学修辞学、技术解释学、科学哲学等学科的蓬勃发展对自然科学与人文科学的二元对立作出矫正,诠释学的介入为认识自然科学和技术提供了多层次、多视角、动态的多维阐释空间。科学哲学认为,自然科学同样需要诠释,其诠释受阅读者前见、历史境遇、传统等因素的制约。科学诠释学从科学实验、科学理论和科学编史学等角度说明自然科学需要诠释。同时也表明,自然科学的诠释具有结构性、历史性、语言性和对话性等特征。此外,科学修辞学的当代发展向我们证明,科学发现、科学交流和科学争论等都离不开修辞学的介入,使得自然科学解释在认识论、方法论和哲学层面都具有新的意义。同样,技术解释学的进展打破了我们关于技术不需要解释的谬见。赵乐静(2009:70)认为,这可以“寻求观照人—技术—世界”关系的新视角。因为,从存在本体论来看,技术是人类的境遇性存在,而科技典籍是古人当时科技性存在的表征。

其次,当下的科学,其概念范畴、思维方式、研究方法等主要源自欧洲“文艺复兴”之后的近代科学传统,而中国古代科技在诸多方面都同这种“西方的科学”存在较大差异。换言之,除了具备当代科技的一些特点之外,中国古代科技有其特殊性和异质性,主要表现在本体特征、认识方式、语言表征、研究方法等层面,以及由这几个层面构成的整体运作系统。因此,为了更好地理解和译介中国科技典籍,有必要以诠释学为研究工具和视域,立足中国古代科技自身的特质,考察如何从以上诸方面全面地对其诠释,探究这种诠释方式和诠释结果对于此类作品英译有何解释作用,进而为同类文本的翻译批评和实践提供诠释性理据。以中西认识论比照为例,喻承久(2009:61-79)认为,西方传统认识论与中国传统认识论的差异主要表现在，西方传统认识论的特征可以一言以蔽之曰：理性主义，即通过观察、实验、逻辑论证以证真伪，以寻真理；而中国传统认识论的基本特征是亲和生活，具有笼统的整体性，重内向、重情感、重实践、重直觉，以及非对象化、非实体化和非概念化。当代科学的认识论以主体和客体二元对立为前提，主客分离，客体为主体服务，主体征服、利用客体。而中国科技典籍充分体现了中国传统的认识论观点，即天人合一，强调主体是自然界的一部分，主体服从于自然。蒙培元(1993：191)认为："在'天人合一'的基本模式中，它并没有形成外向型的认知思维，而同样表现为内向型的意向思维，即在自我体验、自我直觉中实现与自然规律的合一。"需要指出的是，中国古代技术同文化有着密切联系，"技"与"道""术""器""象""意"等认知范畴有着特殊的关系，这就决定了中国古代技术与西方技术有很大差别，其解读也不能仅仅依靠当代技术理论(王前，2009：4)。另外，中国科技典籍具有典型的多义性。语言的多义性决定了文本具有先天需要诠释的属性。保罗·利科(Paul Recoeur)(2015：77－78)认为，文本(尤其是书面用语)需要诠释的首要原因就是语言的多义性，即"当我们站在词语在特定语境里的使用之外来考察词语时，这些词语具有不止一种含义"。中国科技典籍作品尤其如此。对于听者或读者来说，依据其使用语境从多义中选择意义就是一种必需的鉴别活动，这种活动就是诠释。"它在于识别言说者在共同的词汇中制造出相对单义的话语，在信息的接收中辨别这种单一意向，这就是诠释最开始和最基本的工作。"(利科，2015：78)依循其自身的特征和运行规律认识中国古代科技体系，并与西方科技体系做适度、科学的比对，有利于对中国古代科技多元的、开放的、动态的诠释，这种诠释异于简化的、静态的、以追求等值为终极目的的翻译批评传统，可以为此类作品的翻译提供更加符合其自身实际的诠释空间。

最后，诠释学与翻译(学)具有同根性和互益性。诠释本身就具有理解、解释与翻译之意，而翻译需要先理解原作，再用译入语表达这种理解。所以，翻译本身就具有诠释性，二者有许多共同、共通之处。更为重要的是，诠释学对翻译学研究的诸多层面均产生了重大影响，彰显了翻译的诠释属性。首先，翻译在诠释学的视域中被重新定义：翻译即解释，“翻译就是在跨文化的历史语境中，具有历史性的译者使自己的视域与源语文本视域互相发生融合形成新视域，并用浸润着目的语文化的语言符号将新视域重新固定下来形成新文本的过程”(朱健平，2006：70－71)。翻译的范围得以拓展，如罗曼·雅各布逊(Roman Jakobson)区分了语内翻译、语际翻译和符际翻译，这样，传统意义上的翻译仅成为整个翻译领域的一部分。(同上)第二，就翻译策略而言，诠释学的代表人物弗里德里希·施莱尔马赫(Friedrich Schleiermacher)(2006：225)提出的归化和异化策略对于翻译研究更是具有里程碑意义。第三，就翻译过程而言，乔治·斯坦纳(George Steiner)(2001：312－316)以诠释学为基础提出翻译的四个步骤，即信赖—侵略—吸收—补偿，这种极具原创性的观点颠覆了翻译过程之“理解—表达”的传统认识。第四，原作与译作的关系(以原作为中心，还是以译作为中心)历来是学界争论的焦点，雅克·德里达(Jacques Derrida)的“解构主义翻译观”认为，作者死了，原作的意义是恒动不居的，译作是原作的延异和播撒，翻译对等只是海市蜃楼般的“幻景”。最后，诠释学对译作的批评发挥了十分重要的指导作用。近年来，不少学者借用诠释学理论对翻译作品展开批评讨论。翻译都是对原作的理解和诠释，“如果说，理解是对原文的接受，那么，解释就是对原文的一种阐发。在这个意义上，译者既是原文的接受者，即读者，又是原文的阐释者，即再创造者”(谢天振，2011：209)。

解释源自文本具有的陌生性，正如狄尔泰(2013：17)所说，生活中的语言既不可能完全陌生，又不可能完全熟悉，而是介于两者之间，因为如果过于熟悉，就毫无解释的必要了。其实，对于读者而言，任何文本都处于此两者之间。所以，任何文本都需要不同程度的诠释。

狄尔泰提出“科学需要说明，精神需要理解”，前者主要是“因果说明”，后者集中于“理解和解释”。人们倾向于将自然科学视为纯客观的学科，无须读者对此类文本理解和解释。这种偏见一直影响着许多人，甚至是科研人员，同样也限制了人们对科技翻译的认知和了解。自然科学和人文科学的分野是自相矛盾的，正如黄小寒(2002：56)所提出的，“理解和解释有无因果性呢？因果说明又有无理解和解释性呢？"另外，最根本的一点在于，它忽视了自然科学实践主体——人——的主观性。从科学实验、科学理论和科学编史学等角度说明自然科学需要诠释(施雁飞，1991；黄小寒，2002；杨秀菊，2014)。而自然科学之所以需要诠释，是因为其解释受阅读者前见、历史境遇、传统等因素的制约(Popper, 1963; Hempel, 2006；刘大椿、刘劲杨，2011)。李章印(2006:45)认为，在古代和中世纪，自然科学本来就属于诠释学的研究范围，所以，当时的诠释学本来就涉及自然科学。

以上论述表明，中国科技典籍本身即具有诠释的属性，诠释学又极大地促进了翻译学的发展，但以往的研究较少从诠释学的视角研究此类文献的翻译(这一点将在第二章"文献综述"中有详细论述)。鉴于此，有必要从诠释学角度考察中国科技典籍英译，为此类文本的译介与海外传播提供启发性和建设性建议。

1.2 概念界定与研究对象

为了厘定本研究的研究内容，确保行文连贯一致，在展开讨论之前，有必要对本研究涉及的概念进行界定，并限定研究对象。

科学是人类认识自然、改造自然的过程与结果。从诞生之日起，人类就一直处于这种对科学的探索之中，也因此而改变自然，改变自己，改变社会。《不列颠百科全书》(2002:136 - 137)对科学的定义是，"科学涉及对物质世界及其各种现象并需要无偏见的观察和系统实验的所有各种智力活动。一般来说，科学涉及一种对知识的追求，包括追求各种普遍真理或各种基本规律的作用"。李斌(2017)追溯了汉语"科学"一词(1912 年至今)的内涵，指出该词主要包括三个方面的内容，即关注自然、社会和思维，反映客观规律以及知识体系。对科学的定义在 1912 年至今的约 100 本工具书中保持着一定的稳定性。今天工具书中对于科学的定义一般都强调这三个要素：第一个是关注自然、社会、思维；第二反映的是客观规律;第三必须是知识体系。

技术与科学密不可分。《简明不列颠百科全书》(*Britannica Concise Encyclopedia*)(2008:1633)将技术解释为:将知识运用到人类生活的实践目的或改变、控制人类环境。技术包括使用材料、工具、工艺和动力源,旨在使生活更加便捷、舒适,提高生产效率。科学探究事物如何发生及其发生的原因,而技术则研究如何使事物发生。自人类开始使用工具之日起,技术便开始影响人类活动。工业革命和机器的广泛运用更是加速了这一进程。技术的飞速发展需要付出代价,比如空气污染、水污染,以及其他负面环境影响(同上)。

本研究把科学技术作为一个整体来考察,并且偏重于科学思想,主要由于"在古代,由于认识水平的局限,两者还没有作出严格的区分"(曾近义、张涛光,1993:3),只是到了近代,科学和技术才分离开来。田松(2001:33)把科学划分为三种,其中第三种为人类如何应对自然,这一类别将科学与技术视为一体,比较接近"文明"之意。中国古代科技的情形更是如此。

就时间而言,"典籍"一般指中华民国成立(1912年)之前的重要经典著作。因此,本研究将"中国科技典籍"界定为中华民国之前记录中国古代人类同自然打交道的科学技术作品,如《墨子》《黄帝内经》《淮南子》《考工记》《神农本草经》《伤寒论》《齐民要术》《周髀算经》《测量法义》《脉经》《算数书》《梦溪笔谈》《农书》《本草纲目》《天工开物》《农政全书》等。尤其需要强调的是,自然科学和技术具有不可分割的联系。自然科学为技术发明提供理论指导,技术又可以验证和促进自然科学研究。如沈清松(2014:20)所言:"没有一门科学的进展不依赖精密的仪器,而后者实乃精密技术之产品;另一方面,没有一样技术不需要高度的科学理论来解读。"因此,在本书中,大多数时候并未将自然科学与技术截然分开来论述,中国古代科学、中国古代技术均指中国古代科技。

本研究依据以下语料选取原则限定研究范围,确定研究对象:

第一,学科多样性。在有限可供选择的范围内尽量做到学科门类多样化,而不仅限于某一学科,旨在从尽可能宽阔宏丰的学科横轴管窥中国科技典籍英译诠释的真实态势，在一定程度上整体鸟瞰中国科技典籍英译诠释。

第二，历史跨度长。从成书于春秋战国时期的《墨子》(约公元前388年)到宋代的《梦溪笔谈》(约1086年—1093年，现能见到的最早版本为1305年东山书院刻本)，跨度约1500年，旨在从尽可能长的历史纵轴中诠释中国科技典籍英译。

第三，英译本多样。所选语料有不止一个英译本，可以考察原作诠释的多样性，并能对比描述不同译文之间的异同。

结合以上原则，本研究选取的语料分别为如下英译本。

《黄帝内经·素问》英译本有倪毛信(Ni Maoshing)译本(下文简称倪毛信译，1995年出版)、伊尔扎·威斯(Ilza Veith)译本(下文简称威斯译，2002年出版)、李照国译本(下文简称李照国译，2005年出版)和文树德(Paul U. Unschuld)译本(下文简称文树德译，2011年出版)。

《墨子》英译本包括汪榕培、王宏译本(下文简称汪、王译，2006年出版)、李绍崑(Cyrus Lee)译本(下文简称李绍崑译，2009年出版)和伊恩·约翰斯顿(Ian Johnston)译本(下文简称约翰斯顿译，2010年出版)。

《淮南子》英译本包括约翰·S. 梅杰(John S. Major)等译本(下文简称梅杰等译，1974年出版)和翟江月、牟爱鹏译本(下文简称翟、牟译，2009年出版)。

《梦溪笔谈》英译本有王宏、赵峥译本(下文简称王、赵译，2008年出版)与李约瑟(Joseph Needham)部分章节译本(下文简称李约瑟译，1964、1965、1971年出版)。

需要说明的是，中国科技典籍有个明显的特征，即大部分典籍作品都不是纯粹的科技文本，还兼具文学性、哲学性等。以《梦溪笔谈》为例，加上《补笔谈》和《续笔谈》，条目共计609条，其中自然科学方面的条目有二百多条，约占三分之一，包括工程技术、天文历法、数学、物理学、化学、生物学等。其余条目，有的为名人轶事，有的为其他事项。本书仅讨论以上所列典籍中的科技内容。另外，许多中国古代科技思想与观点散见于作品之中，而西方近代科技思想则比较系统、整体地呈现于科技作品之中。

在英译和诠释兼具文学性、哲学性特征的科技文本时，其翻译和诠释风格亦有其独特性。

本书将研究范围限定为以上四部中国科技典籍作品中的科技内容部分，以诠释学为视角，从本体论、认识论和方法论三个层面探究译者如何对科技内容（典籍）进行诠释和翻译。

1.3 研究目的与意义

本书基于对中国科技典籍之本体论、认识论和方法论的研究，描述此类文献诠释与英译的特点与规律，并借鉴诠释学、翻译学、训诂学的研究成果来发掘中国科技典籍英译的诠释策略与方法，努力对这种诠释和翻译作出合理、科学的解释，进而尝试构建中国科技典籍英译的诠释框架，为此类文本的诠释和英译提供借鉴，更为系统、全面、客观地揭示中国科技典籍的固有特质与多维内涵，从而为客观、科学、有效地对外译介中国古代科技文化，提升中国文化的软实力，塑造正面、积极的中国形象创造条件。

目前从诠释学角度系统考察中国古代科技作品英译的研究较少，但如前文所言，这种研究有其必要性。本书着眼于中国科技典籍英译诠释的系统构建，对中国科技典籍英译的诠释学研究具有开拓意义。同时，关于该类文献英译之诠释的特性与诠释策略对于今后的相关研究及英译实践均有指导意义。具体而言，本研究具有以下理论意义和实践价值。

本研究的理论意义：

首先，可以促进译学的诠释学探索与跨学科研究。中国科技典籍英译与诠释学的耦合，源于翻译的诠释属性以及中国科技典籍殊异于当代科技书籍的特点。所以，本研究具有翻译学与诠释学的双重学科属性。任何科技典籍都是在理解和诠释的视域中进行的，其中势必关涉译者翻译中国科技典籍之根源性范畴、本体属性、文本特征、科学范式时所做的理解与诠释活动。因此，对于中国科技典籍英译的诠释学研究有助于探究此类文本翻译过程中诠释的影响和作用，促进翻译学跨学科研究的不断深入。

其次，可以促进对中国科技典籍的科学认知。从诠释学角度研究中国科技典籍英译，尤其是从中国古代科技之本体论、认识论和方法论的角度展开研究，可以更为科学、客观地认识中国古代科技和中国科技典籍。诠释学和翻译学的本质皆是对事物的解释和揭示，故此，从这两种角度研究，可以发现从其他视角无法揭橥的中国古代科技的层面、属性和本质，从而更加多维、深入地认识中国古代科技思想的本质属性、思维样式、科学范式、方法特征等。

最后，可以促进中国科技典籍翻译的理论研究。以往研究虽然取得了许多成绩，但是在古代科技领域选择、语料选用、理论运用等方面，多呈现出“微观化、精细型、碎片状”的态势，缺乏宏观性和系统性的研究。本研究借助诠释学理论，从本体论、认识论和方法论三种维度系统考察中国科技典籍英译的诠释方式，既可以更为系统地描述和解释该类文本翻译的诠释方式，又能够为中国科技典籍英译研究提供更加科学的哲学理据。

本研究的实践价值：

首先，有助于提高中国科技典籍翻译实践和翻译批评的实际效果。中国科技典籍在本体根源性范畴（如气、五行、阴阳、道等）、本体属性（如人文性、哲学性、直觉性/经验性）、文本特征（如多义性、修辞性），以及科学方法（如象思维方法、逻辑思维方法）等方面均表现出不同于当代科技的差异性，这种差异性为译者的翻译与诠释留下了充分的空间。研究中国科技典籍的翻译和诠释方式，有助于提高此类翻译策略的科学性与合理性，为译介中国科技典籍作品提供借鉴。

其次，有助于推动中国古代科技文化有效地走出去。在当前国家大力推动中国文化“走出去”的宏观背景下，如何科学、有效、公允地向海外读者诠释和翻译中国科技典籍显得尤为重要。事实表明，“以西释中”的诠释和翻译方式较难彰显中国科技典籍的本质属性，有时甚至会扭曲中国优秀传统文化的本来面貌。因此，该研究有助于推动相关出版发行机构、政府职能部门探究适合此类文本的传播方式，有助于推动中华文化的国际传播路径研究，并最终促进中国科技典籍以其本真面目走近海外读者。

1.4 研究方法

首先，本研究采用定性研究法将中国科技典籍研究层面聚焦于其本体根源性范畴、本体属性、文本特征、译者主体性、科技方法等。定性研究指的是从事物内部特点与属性出发，对事物的内在规定性展开研究，探究事物的本质与规律。本研究结合中国古代科技与科技典籍的内在属性，采用案例分析法，重点从本体论、认识论和方法论三个大的层面探究此类文献英译的诠释方式，以及影响其诠释的制约因素。同时，本研究也借用归纳法对诠释方式与制约因素进行归纳整理。

其次，中国科技典籍英译与诠释是跨语言、跨文化、跨科学范式的交流，这一交流过程充满差异，如语言差异、文化差异与科学范式差异。这就决定了本研究在本质上具有比较的属性。有比较才有鉴别，才能发现比较对象之间的异同，通过分析它们之间的差异，探究其诠释规律与可能的原因。一方面，比较中国古代科技与当代西方科技在本体、语言、方法等方面的异同，以及这种异同对原作英译诠释的影响。另一方面，对比原作与译作、不同译作之间的差异，并对这些差异分类，尝试寻绎出一些诠释规律。同时，依据诠释学理论，尝试对这种诠释的差异作出可能的解释。

最后，描述法是本研究采用的另一种重要方法。自从詹姆斯・霍尔姆斯(James Holmes)1972 年在其标志性论文《翻译的名与实》中提出描述性翻译方法以来，对于翻译的研究与批评不再奉规范性研究为圭臬，描述性研究成为翻译研究的新方法与趋势。相比较而言，这种研究方法有利于揭示翻译过程与结果发生的真实情形。本研究尝试突破已有研究方法的局限，采用描述法透视中国科技典籍英译中诠释的因素，如对所选译作语料的描述、对翻译和诠释过程的描述、对译者认识方式的描述，等等。“解释通常是从当前所是到之前曾发生之事的回顾。”(赖特，2016：1)本研究旨在回溯性描述译者的诠释进路，据此为以后同类文本的翻译和诠释提供理据。

1.5 研究内容与结构

本研究从本体论、认识论、方法论三个层面探究中国科技典籍的诠释方式，以及如何以此为基础诠释其翻译。

首先，限定研究范围。本研究首先对“中国古代科技”作出界定，因为它在本质上有别于发端于近代欧洲的当代科技。这种限定既有助于凸显该研究的系统性，又能将研究重点聚焦在合理、可行的有效范围之内。以此为依据，围绕中国古代（以中华民国成立之 1912 年为界线，之前为古代）科技作品的英译展开，着重考察不同领域的中国古代科技文化知识的英译。为便于研究，且囿于手头资料之限，本研究拟选取《黄帝内经・素问》《墨子》《淮南子》《梦溪笔谈》等科技典籍的不同英译本作为分析语料。

其次，探究中国科技典籍英译的诠释属性。从诠释学的视角来看，中国科技典籍英译是一种跨语言、跨文化、跨科学范式的诠释活动。诠释学本身即含摄翻译之意。另外，翻译既涉及译者对原文的理解，更反映译者对原作的诠释。尤为重要的是，中国科技典籍自身的特质更突显了这种诠释属性，如中国科技典籍在本体上呈现出的哲学性、人文性与经验性，其认识方式之天人合一、取象比类、直觉思维、道技合一等，其科学范式之生成性、有机性、整体性等。以上诸方面都为该类文本的英译留下了广阔的诠释空间。

第三，从本体论维度研究中国科技典籍英译诠释。从中国科技典籍的本体根源性范畴和本体属性层面讨论译者的诠释方式，其本体根源性范畴包括气、道、五行、阴阳，其本体属性关涉哲学性、人文性、经验性。面对同一个中国科技典籍的本体根源性范畴或本体属性，将不同译者，尤其是中国译者和外国译者的译本进行对比分析，更能揭橥此类文本英译之诠释的差异性和多元性，以及制约译者诠释的因素。

第四，从认识论维度探究中国科技典籍英译诠释。一方面，对中国科技典籍的客体（即文本）展开研究，此类文本主要表现出多义性和修辞性特征。另一方面，借用哲学诠释学相关理论探究中国科技典籍英译译者诠释的主体性，考察译者翻译时所体现出的主体诠释特征，如主体创造性、视域融合、主体间性等。

最后，从方法论维度探索中国科技典籍英译诠释。主要依据象思维科技方法、逻辑科技方法等科技方法考察影响译者诠释的因素以及诠释策略。

本书共有七章：

第一章为绪论，总体介绍本研究的研究背景、概念界定、研究对象、研究目的、研究意义、研究方法、研究内容与研究结构。

第二章为文献综述，梳理、评介国内外关于中国科技典籍的翻译研究，对其进行分析归纳，尤其以此类文献的诠释学研究为考察重点，旨在发现相关研究现状与存在的问题，并以此为研究基础，力图证明本研究的必要性。

第三章讨论本研究的理论基础。该章首先厘定了诠释学相关理论的内涵，接着探讨了诠释学与翻译学的耦合性关系，最后，依据中国科技典籍翻译的实际情形，探究本研究的理论基础。

第四章到第六章为本研究的核心内容。

第四章从本体论的层面研究中国古代科技英译的诠释。首先，结合前人的研究归纳了中国古代科技本体根源性范畴及本体属性，然后以诠释学为视角，探究译者的诠释策略及影响其诠释的因素。

第五章从认识论的客体与主体两个层面展开探讨。就前者而言，本章分析了中国科技典籍的文本属性，结合科技典籍英译案例考察译者的诠释方式。就后者来看，主要依据诠释学关于主体性的理论探讨译者创造性、主体间性与视域融合对此类文本英译诠释的影响。

第六章从中国古代科技方法的基本形式与内容探讨译者如何诠释中国科技典籍。

第七章为本书的结论，总结本研究的发现，概述其价值。同时，该章还对本研究存在的问题与不足进行反思，并对未来的研究作出展望。

第二章　文献综述

2.1　引　言

中国古代科技在公元前 1 世纪至公元 15 世纪之间一直处于世界领先地位,并在诸多科技领域产生了大量的科技典籍作品。这些科技典籍作品时断时续地处于同域外文明的交流过程之中,例如,汉唐时期,在中国与印度佛教交流中也裹挟着科技内容的交流;明清时期,西方传教士到中国传教过程中,既把西方的科技译介到中国,也把中国的科技介绍到西方。进入 21 世纪,我国政府更是大力鼓励优秀的中国传统文化"走出去",受政府支持的"大中华文库"选择了多种科技典籍译为外语,其中包括科技典籍《黄帝内经》《金匮要略》《梦溪笔谈》《天工开物》等,极大促进了中国科技典籍的海外译介与传播。

虽然中国有着丰富的科技典籍资源,中国同域外文明之间的科技交流也有较为悠久的历史,但是该领域的研究起步较晚,成果相对较少。因此,有必要梳理研究现状,总结成绩,查找不足,以现有的研究为基础,找出研究的方向和着力点,以便更好地促进该领域的发展。

下面将以"中国科技典籍翻译(英译)"为关键词和主线,爬梳国内外相关研究,以"中国科技典籍翻译(英译)诠释"为圆心,以"中国科技典籍翻译(英译)"为半径,尽可能地囊括相关研究,既聚焦与圆心最相关的一级主题，又关注与该议题相关的二级、三级研究内容。同时，本章还重点分析了所选语料的翻译状况，以此作为本研究的基础和立足点，为本研究的顺利进行做好铺垫。

2.2　中国科技典籍翻译研究综述

2.2.1　国内关于中国科技典籍的翻译研究

国内研究多以某部中国科技典籍翻译为研究对象，很少以“中国科技典籍翻译/英译”为题，就我们所能搜集到的文献资料而言，合仲较早谈及中国古代科技翻译，他于1959年在《西方语文》[①]（第三期）上曾提及李约瑟博士翻译中国科技典籍的内容，主要谈及如何结合中国科技的特征翻译中国古代科技术语。此后近20年间，由于受时局影响，该领域的研究较少。从20世纪80年代初开始，相关研究逐渐增多，尤其是2010年至今，越来越多的学者开始关注中国科技典籍翻译，相关研究呈以下趋势：研究语料逐渐增多、研究领域不断拓宽、研究深度逐步增加、研究理论和工具日益多元化。下面把相关研究分为七个方面分别叙述：翻译策略、语言文化、术语翻译、外译历史与文献综述、新兴研究工具与视野、出版发行与海外传播、哲学与诠释。

（1）翻译策略

以往研究的重点之一涉及中国科技典籍翻译策略，具体内容关乎以下两个层面：影响翻译策略的因素和具体翻译策略。第一，影响翻译策略的因素包括原文本类型和文本内容（王宏，2010；闫春晓，2014；梅阳春，2014），翻译目的（姜欣、姜怡，2009）。例如，姜欣、姜怡将她们翻译《茶经》《续茶经》的目的界定为“既保留东方茶韵，又能为希望了解中国文化的目

① 《西方语文》为《外语教学与研究》的前身，创刊于1957年，1959年更为现名。

标读者欣赏并益智。保持文本的异域性无疑将有益于世界各国的目标语读者了解、品赏、学习纯美的中国茶文化"(2009:前言 i)。因此,译者采用了"异化翻译策略",以使译文尽可能地向原作靠拢。第二,中国科技典籍具体翻译策略主要包括减译、转译、音译、直译、意译、音译加注、意译加注、归化、异化等(蒋林,2002;蒋学军,2010;王忻玥,2012;周冬梅,2012;许萍,2013)。比如许萍(2013:i)对《茶经》《续茶经》英译本中茶文化的翻译原则和策略进行了考察,发现译者"采用诠释模式,提供必要的语境信息;采用融合模式,促进对外来文化的吸收;在'信'的原则下,对原文本进行恰当的增译、减译、转译与阐释。如源语文化在译语中空缺,则尽量采用异化手法,保留源语文化特色,并为译语文化引入新鲜血液"。蒋学军(2010)探讨了中医典籍文化图示的翻译策略,指出中医文化图示的翻译应该采取异化为主、归化为辅的策略,以实现中医走向世界和中医复兴的目标。

(2) 语言与文化

语言、文化对比及其翻译目的的实现是中国科技典籍翻译研究的另一重点。

首先,从语言修辞视角探讨中国古代科技文献翻译的研究,主要考察如何翻译中国科技典籍中具有修辞性特征的语言。薛俊梅(2008)认为,医学典籍的翻译应按照"薄文重医,依实出华;比照西医,求同存异;尊重国情,保持特色"的原则,"翻译应力求正确地传达原文思想内容,同时又能保持原文语言的修辞效果"。其他相关研究涉及中国科技典籍修辞格的翻译方法,如综合考虑语言维度、交际维度和文化维度的适度与否,提高翻译的适合度;从翻译美学的角度考察《黄帝内经》顶真辞格的翻译,例如采取"变通译法",尽力呈现原作的修辞风格(侯跃辉,2013;张冉等,2014;黄光惠,2014)。

另外,吴银平、王伊梅、张斌(2015)分析了《黄帝内经》翻译中的语篇连贯的问题,认为要实现此类文本中的语篇连贯,必须重视顺序相似性的重要作用,并尽可能实现形式和内容的一致,这也是实现这种翻译目的的主要方法和策略。

最后，何琼(2013)与金珍珍、龙明慧(2014)从文化视角探讨了中国古代科技中文化专有项的翻译方法。她们都以《茶经》的英译为案例，探讨如何在此类文献中翻译文化专有项。何琼以《茶经》两个英译本对比为基础，探讨《茶经》中文化意象的翻译方法。作者分析了三种文化意象偏差，即文化意象的亏损、文化意象的失落，以及文化意象的变形。要减少这种偏差，需要“考虑两个民族文化传统的差异，在翻译中保持文化个性，力求形神兼备，减少文化亏损，平衡语用效果。首先重视源语文化的发展轨迹，民族特征……同时考虑译入语承载异族文化时对译入语读者产生的理解障碍，考虑与译入语原文化的心理冲突”(何琼，2013:202－203)。王星科、张斌(2015)讨论了《黄帝内经》翻译中的互文性问题，其研究主要从语言、宗教、社会等层面展开，探讨实现互文再现的翻译方法。

(3) 术语翻译

对于中国科技典籍翻译而言，中国古代科技术语十分重要，因此成为相关研究的主要内容之一。相关研究主要涉及术语翻译策略、术语翻译原则和翻译标准。洪梅(2008)重点探讨了中医术语翻译标准，内容涉及中医术语翻译历史以及相关研究存在的问题，并提出针对性的对策。刘宁(2012)分析了“中医藏象术语”的翻译标准以及翻译策略，最后探讨了存在的问题，并尝试考虑比较合理的翻译方法。李照国(1996:31－33)认为，中医术语翻译可以按照自然性、间接性、民族性和回译性的原则翻译。陆朝霞(2012)考察了《天工开物》中的术语英译策略。梁杏、兰凤利(2014)从认知的角度切入，考察中医术语翻译中的隐喻翻译方法，提出可以通过保留隐喻特征的方法保持此类术语体现的思维方法以及脉象意象。郭尚兴(2008)认为，在翻译中国古代科技术语时，可以将历史视域、文化视域和功能视域结合在一起，这样可以传达中国古代科技术语的文化意义和指称意义。

(4) 外译历史与文献综述

此外，有些学者(吴凤鸣，1992；黎难秋，1993/1996/2006；李亚舒、黎难秋，2000；马祖毅、任荣珍，2003；马祖毅，2006；谢天振，2009；张汨、文军，2014)对中国科技典籍的外译展开研究。不过这些研究大都比较零散，且多是对中国科技典籍外译的史料性发掘。韩祥临、汪晓勤(2001)专门撰文对《九章算术》全译本《英译〈九章算术〉及其历代注疏》译本内容、成书过程、特色与学术成就作了评述，认为该书为中国数学典籍翻译建立了一种良好的模式。此外，作者还把中国古籍英译历史划分为起步阶段、缓慢发展阶段、理论初探阶段和理论争鸣阶段。

另一方面，经过学者们几十年的努力，中国科技典籍翻译研究已经有了一定的积累，有学者(文娟、蒋基昌，2013；王银泉、周义斌、周冬梅，2014；刘娜、王娜、张婷婷等，2014)对《黄帝内经》等中医的英译研究进行了归纳梳理，主要是总结成果、发现问题、探寻对策。还有一些学者对中国科技典籍翻译研究进行了综述(许明武、王烟朦，2017；刘迎春、王海燕，2017；刘性峰、王宏，2017)，这些研究从总体上对该领域的研究进行了较为详尽的探讨，重点分析成绩和存在的问题，并提出一些有针对性的建议，对于今后该领域研究的发展大有裨益。

(5) 新兴研究工具与视野

研究者借助计算机技术研究中国科技典籍翻译，并将研究视野拓展至读者接受与赞助人。

近几年来，计算机技术作为研究工具逐渐被用于中国科技典籍翻译研究。刘晓雪、姜欣、姜怡借助于计算机技术，比如语料库、机器辅助软件等对茶文化的翻译进行研究。刘晓雪(2009)重点考察了《茶经》文本内和文本间的比较，旨在探索实现两者之间互文再现的方法。姜欣(2010)借助符号学理论和计算机技术，以古汉语和英语的特点为基础，分析茶诗的特征，探讨《茶经》中诗歌的编码和编码的映射、呼应、渗透和交融能力，提出可以借用计算机技术和语言处理技术应对茶典籍中的诗词翻译。姜怡(2010)采用语料库方法，考察《茶经》《续茶经》英译中的互文性特征，探讨这种互文再现的翻译策略。作者提出了典籍翻译三度视域融合的观点，即“现代读者/译者视域与古代源语文本(及作者)及前期互文本(及作者)视域之间的融合，上述融合之后所形成的新的视域与译者(读者)视域间的融合，前两次融合之后所形成的新视域与目标语和目标语文化视域间的融合”。

此外,蒋基昌、文娟(2013)分析了留学生对《黄帝内经》四种英译本的满意度,发现被调查者最喜欢倪毛信的译本,并发现译者的翻译策略——全文编译策略具有重要作用。王彬(2014)探讨了《黄帝内经》赞助人体系对于该译作的影响,这种体系涉及专业科研机构、出版部门和学术期刊机构。

(6) 出版发行与海外传播

随着中国科技典籍研究逐渐深入,有关研究开始关注此类文献译本的出版与传播。有学者介绍中国科技典籍在海外的译介与传播情况,如谢清果(2011)的《墨经》译介与传播,毛嘉陵(2014)、王明强等(2015)、唐韧(2015)等的中医药典籍译介与传播研究;丁立福(2016)的《淮南子》译介与传播;李海军(2017)的《农政全书》的译介与传播。殷丽(2017a/2017b)结合《黄帝内经》英译本的出版与传播情形,探讨了美国两家著名出版社在该译本传播中扮演的重要角色。另外,她还从海外图书馆馆藏数量、国外权威期刊发表的同行专家书评及亚马逊网站海外读者的评论三个角度,对"大中华文库"的《黄帝内经》英译本海外接受度作了调查研究。这些研究对于该类文献的翻译研究具有一定的参考价值。

(7) 哲学与诠释

最后一个方面与哲学与阐释有关。林巍(2009)认为,中医与西医在语言符号方面存在很大差异,前者属于哲学理念,后者属于科学概念。要想实现二者之间的会通,必须研究两者之间的关系(包涵关系、近值关系和并列关系)。兰凤利(2010)从哲学研究视域探究中医术语的翻译,提出翻译中医术语时必须考虑中医的思维方式,例如天人合一,这样才可以把有中国特质的中医术语译介到域外。

近年来,有少数学者开始从阐释学/诠释学角度研究中医英译,尤其是《黄帝内经》的英译。雷燕、施蕴中(2007)从译者主体性的角度探讨了《黄帝内经·素问》之译者目的、知识结构、双语能力等主体因素对译文的影响。王治梅、张斌(2010)从翻译阐释学的角度探讨了《黄帝内经》两个英译本如何处理原作中的省略内容,发现在这个方面两家译本均存在对语言、文化欠缺补偿的不足。蒋骞(2010)以伽达默尔的诠释学为工具,探讨《黄帝内经·素问》三个英译本中的误读现象与复译问题,并分析了翻译过程中不同主体之间的相互作用。张戌敏(2011)利用解构主义之延异、纯语言、异化等概念,从语言修辞和医学两个层面研究《黄帝内经·素问》的文本和术语翻译方法,概括出三种翻译原则,即信息传递原则、文化传递原则、格式传递原则。沈晓华(2012)借用伽达默尔的诠释学分析《黄帝内经》两个英译本,指出译本的产生过程就是文本意义再构的过程。

以上研究中,已有极少数学者尝试从诠释学的角度研究中国科技典籍英译,但偏重于某部科技典籍作品的某个侧面,或某个点,研究不够深入和系统,未将中国古代科技视为一个整体,全面探究对此类文献英译的诠释。

2.2.2 国外关于中国科技典籍的翻译研究

相对于国内的中国科技文献翻译研究,该领域的国外相关研究更少。李约瑟在这方面较早作出探索,他编撰的《中国科学技术史》(*History of Civilization in China*)十分全面、详细地介绍了中国古代科技的方方面面,在撰写这部巨著的过程中,翻译、叙述与介绍中国古代科技成为必须面对的议题。他曾于1954年撰文专门讨论中国古代科技术语的翻译问题,如理、气、穴等的翻译。

就我们能搜到的相关研究文献来看,其他研究主要涉及中医药翻译、数学和算数翻译等。傅大为(Fu Daiwie)(1995)以中国科技典籍为考察对象,将中国科技典籍翻译划分为"段落翻译"和"语境翻译"。"段落翻译"指的是从科技典籍中选择某些包含科技知识的段落翻译,忽略其体系性和语境。这种翻译不被作者接受。相反,作者倡导"语境翻译",即以原作在语境中的实际意义为核心单位。作者还认为,科技典籍的历史语境比文本还重要。

此外,魏迺杰(Nigel Wiseman)(2000/2001)与金钟勇(Jongyoung Kim)(2006)研究中医翻译,前者将中医术语翻译作为研究重点,发现以源语为核心的翻译方法较能反映中医术语的原意。作者还认为,相关研究存在一些问题，例如混淆了一般术语与技术术语，忽略了中医术语翻译的整体性，中医术语翻译缺乏标准化等。因此，该领域的研究本质上是对中医术语的理解问题。后者主要探究“针灸”翻译问题，其视角是“实践的冲撞”，没有从范式的角度来考察。其研究发现，“针灸”翻译主要发生于两种文化交流的语境，是一种文化生产。其发现有利于人们了解世界药物的多元性。

在中医文本翻译方面，普利茨克（Sonya Pritzker）等人（2014）所著的《中医文献翻译刍议》（*Considerations in the Translation of Chinese Medicine*）更为详细，他们并没有简单地探讨中医的翻译策略，而是将中医翻译置于社会、历史文化语境下，探讨影响中医翻译的社会文化因素、原作文本类型、产生背景和使用环境等。作者首先指出，翻译即是对原文进行阐释，提出“关于翻译陷阱的意识”，目的在于指出，中医翻译作品的读者需要意识到译者的特殊社会和文化背景对翻译的影响。作者尤其对中医文献、自然科学的其他文献（如物理、化学、书写等）、技术性文献以及文学作品进行区分，它们之间的差异会导致中医文献处理的不同。作者还指出，翻译中医文献时要熟悉文本内容、所译文本的医学文化背景、历史背景和当时的文化潮流。同时，译者还需了解中医文献的本来形式及其产生背景，以及所译作品的使用环境。作者还提及中医之“五行”的翻译问题。该术语 16 世纪由利玛窦翻译为“五种元素”（Five Elements），其翻译主要受“四元素说”的影响，但这有悖中医“五行”的真正所指。文章提及的另一个重要问题是 20 世纪 70 年代中国大陆一些中医教材被译介到美国时出现的中医概念误译问题，主要受西方生物医学认识论的影响，这些中医教材被译为简明而具有现代科学性的语言。另外，这种译文的产生也与当时的历史情境有关，即一方面中医正在经历现代化过程，需要同西方生物医学结合；另一方面西方需要从生物医学角度研究针灸与中医。作者也强调中医语言的特征对翻译的影响，比如引用古典文献、文言句法、词源学问题、一词多义、断句问题等。

除了以上中医翻译研究之外，也有研究关注古代中国数学典籍的翻译问题。阿莱克西·沃尔科夫（Alexei Volkov）（2010）考察了《九章算术》三个译本的翻译，认为Chemla与Guo的合译本较接近原作，因为译者提供了原作历史介绍、术语汇编、参考书等。作者还指出了该领域的发展趋势。

综上，中国科技典籍英译研究的趋势以及核心内容主要集中于以下方面：(1) 翻译策略、研究内涵、优劣、制约因素等；(2) 比较研究，从语言、文化等角度比较译文与原文、不同译文之间的异同和优劣；(3) 主体研究，包括译者、译者与原作者关系、赞助人等；(4) 客体研究，研究此类文本的特征与翻译的互动关系；(5) 术语翻译，探讨中国古代科技术语的翻译方法；(6) 计算机辅助翻译，借助语料库等工具探究此类翻译的规律；(7) 翻译教学，探讨此类文本的翻译教学实践规律；(8) 借用其他学科理论，如诠释学，开展更为多元化的研究；(9) 出版与传播，探讨中国科技典籍的出版与海外传播效果。

国内外对中国科技典籍英译的研究主要涉及较为具体和微观的语言和文化的比较性分析，既有较具理论思辨性的讨论，也有更具实际操作性的探讨，为本研究的开展奠定了基础。然而由于中国科技典籍的复杂性，以往研究多为微观的、碎片状的研究，未能从总体上考察中国科技典籍翻译，宏观研究、宏观与微观相结合的研究较少。研究方法以语言比较和文化比较为主，缺乏更系统的研究方法的介入。这种现状为本研究从诠释学角度全面讨论中国科技典籍英译的诠释方式，即本体论维度(本体根源性范畴和本体属性)、认识论维度(文本特征和认识方式)与方法论维度(科学方法)提供了探索的空间。

2.3 本研究所选语料翻译综述

本节主要探讨所选语料(四部中国科技典籍)的外译现状。

上文较系统地梳理了国内外关于中国科技典籍翻译研究的总体情况，其中关于本研究所用的四部中国科技典籍作品翻译的研究程度不一，或详述，或语焉不详，或鲜有提及，如《淮南子》英译研究，虽然该典籍在国内外都有全译本，但是有关研究相对较少。因此，有必要对所选语料的有关研究进行爬梳，唯如此，方可对其有整体而又全面的了解和掌握，以期使研究基础扎实、言之有物，更能站在巨人的肩膀上前进。

2.3.1 《黄帝内经·素问》译介

2.3.1.1 《黄帝内经·素问》简介

《黄帝内经》简称《内经》，由《灵枢》和《素问》两部分组成，各卷均为81篇，共计80余万言，是中国最早的医学典籍。关于该书的作者，说法不一，一说为黄帝所著，因此得名；一说并非一人所作，而是由中国历代医家传承增补发展而成。另外，其创作年代也尚无定论。但是，可以确定的是，大部分内容反映了春秋战国时期的医学水平，而有的内容出自秦汉时期。

《黄帝内经》总结了秦汉以前的中国医学成果，具有很高的理论水平和临床应用价值。该典籍作品以"天人合一"的整体观为其理论基础，强调人与自然的一体性。主要借鉴阴阳、五行等概念解释人体内部的运作机制与治疗方法。同时，《黄帝内经》还重视人体各部分之间的对立统一，以及它们同宇宙万物之间运作的相互关系。以此为基础探讨中医药特有的藏象学、经络学、养生学、预防疾病的学说，以及其他治疗原则与方法。其后的中医学著作几乎都受益于这部经典作品。不仅如此，《黄帝内经》也对世界医学的发展产生了重大影响，如日本和朝鲜的医学主要发端于《黄帝内经》的医学思想。这部医学典籍被译为日、英、法、德等多国文字。

《黄帝内经·素问》相传为黄帝所著，约成书于春秋战国时期，今人所看到的版本经唐代王冰订补，共24卷，81篇。《黄帝内经·素问》集中国医学之大成，以天、地、人和谐统一观念、阴阳五行说、脏腑经络学为指导思想，关注养生、脏腑、针灸、脉诊、气穴等。具体内容如表2.1所示：

表 2.1 《黄帝内经·素问》基本内容[①]

章节	主要内容
1—2	人体生长规律、养生原则等
3—7	阴阳五行学说基本内容，及其在人体生理、病理、疾病诊治、人与自然关系等诸方面的运用
8—11	脏腑的生理与病理
12—14	针灸、按摩、汤剂、药酒、温熨、祝由等治疗法
15—21	论述脉诊，包括望诊、问诊、闻诊；对疾病转归、死亡征兆的判断
22—30	脏腑、经络、气血等临床规律和针刺方法
31—48	热病、疟、咳、痛症、腹中病、风、痹、痿、厥病、奇病等病的病症、辨证、治疗及针治
49—65	身体的孔穴名称、部位和针刺方法、补泻和禁忌；有关静脉病候的解释和疾病演变过程
66—71、74	病机学说、治则在医学上的应用
72—73	运气学说
75—81	医生需通晓天文、地理与人事，治病需考虑自然、社会因素，治病失误情况等

2.3.1.2 《黄帝内经·素问》外译简介

中医是人类文明，尤其是世界医学的重要组成部分，对人类抵抗“生老病死”现象作出了杰出贡献，因此，中医引起全世界人们的关注。据兰凤利(2004c)统计，仅《黄帝内经》的英译本(包括全译本和节译本)就多达12个。伊尔扎·威斯是较早对该典籍进行翻译的国外译者，其节译本 *The Yellow Emperor's Classic of Internal Medicine* 最早于1949年由威廉姆斯和威尔金斯出版社出版，并于1966年和2002年由加利福尼亚大学出版社再版，该节译本是第一部在美国出版的《黄帝内经》译作。译

① 参见邢玉瑞:《黄帝内经》理论与方法论(第二版)[M]. 西安:陕西科学技术出版社，2005:5-6.

者翻译了《黄帝内经·素问》的前34章,全书分为序、前言、致谢、简介、附录、参考文献、译文和索引。在简介部分,译者颇费笔墨介绍了该书的哲学基础,比如,道、阴、阳、五行等,并附有24幅插图。这对于译文读者的理解大有裨益。在第一个节译本出版后一年,王吉民也出版了其节译本 *Nei Ching, the Chinese Canon of Medicine*(1950)。王吉民历经十余年翻译了《素问》大部分章节,发表在 *Chinese Medical Journal* 的第1、2期,译文附有详尽评注。

进入20世纪90年代,《黄帝内经》又有了三个译本。倪毛信的英译本为 *The Yellow Emperor's Classic of Medicine*(1995)。该译本不能算是严格意义上的翻译,准确地说,应该是编译本。倪译本中有许多译者对原作的诠释,其读者对象为对中医感兴趣的外行以及中医学学生。该译本的构成包括:译者前言、说明、致谢、发音说明、译文、参考文献、译者简介和索引。吴连胜、吴奇父子的全译本为 *The Yellow Emperor's Canon of Internal Medicine*,由中国科学技术出版社于1997年出版。译文采取中英文对照的形式,共计831页,内容包括目录、正文和附录。吴氏译本有许多译者个人关于原作的见解。同年,周春才、韩亚洲出版了《黄帝内经》的漫画选译本 *Illustrated Yellow Emperor's Canon of Medicine*(1997),两位译者选取了《黄帝内经·素问》中有关养生的章节,并有英译本、德译本和法译本。

进入21世纪,《黄帝内经》又有了三个译本。李照国全译本为 *Huang Di Nei Jing—the Yellow Emperor's Canon of Medicine*(2005)。该译本采取的是中英文对照的形式,中文部分既有原文(古文),又有现代文(刘希茹译),每一章后附有注解,全书共计1 293页。据译者称,其基本翻译原则是:译文如古,文不加饰。具体方法为:基本概念以音译为主、释译为辅;篇章翻译以直译为主,意译为辅。采取此种策略,旨在最大限度地保持原作的写作风格、思维方式和主旨(李照国,2005:前言19)。罗希文的节译本为 *Introductory Study of Huang Di Nei Jing*(2009)。罗氏翻译了该书的前22章,附有详尽的注释和中英术语对照表。译者采用了"翻译加注解"的翻译策略。文树德与赫尔曼·特塞诺(Hermann

Tessenow)合作的全译本为 *Huang Di Nei Jing Su Wen*(2003/2011)。该译本属于学术性翻译,参考引用之处多达 5 700 条,全书共 1 552 页,分上(1—52 章)、下(53—81 章)两卷,这也是译者想要译出一部语义正确译文的体现。全书包括前言、原作的价值、翻译原则、译文的语篇结构、斜体字与大小写说明、译文、参考文献。按照译者的说法,其译文与前人译作的差别在于,他们将严格的哲学原则用于翻译之中。就方法而言,译者多次采用拼音译法,认为这种方法有助于再现距离今天甚远的中国古代医学概念。

2.3.1.3 《黄帝内经·素问》英译研究

《素问》在国际医学领域影响深远,其英译也引起众多学者的关注。以往研究大多以微观的语言、文化处理方法与策略为主,采用比较法对不同译本展开研究,探讨它们在语言、文化等方面的差异。

首先,研究角度主要集中于较为具体的语言现象的翻译方法,尤以修辞格和词义处理为主。就《素问》中修辞格的英译而言,关注维度涉及一般修辞格的异化与归化处理问题(侯跃辉,2013)、句式整齐辞格英译方法(张冉、姚欣,2013)和上—下空间隐喻的英译(黄光惠,2014)。就词义英译而言,研究内容包括《素问》中的词汇语义英译(兰凤利,2004a)、语义模糊数词的英译方法(傅灵婴,2009)、音韵英译(赵阳、施蕴中,2009)以及虚词英译规律(孙琴等,2012)。

其次,有学者借用翻译理论解释《素问》英译中的一些问题或现象。兰凤利在这方面用功甚勤,她首先借鉴多元系统理论的描写性翻译批评方法对《素问》的英译事业展开研究(2004c/2005b),从翻译历时、译者身份、译文标题、篇幅、发表形式、附加部分等方面对《素问》的九个英译本作了简单介绍。另外,她还从翻译目的、翻译形式、翻译方法、译者身份、原文版本的选择等角度对《素问》英译的历史脉络进行梳理。此外,兰凤利(2005b)还从译者学术背景、知识结构、译者的译入语医学文化意识和读者意识等方面论述了译者主体性对《素问》英译的影响,并提出译者应具备的修养。同时,她(2004b)还对《素问》在西方的译介和传播进行了研究。除此之外，张戍敏(2011)和王晓玲(2014)的硕士论文分别从解构主义和生态翻译学的角度研究《素问》文本、术语的翻译方法，及两个译本的翻译过程。

以上梳理表明，关于《素问》的英译研究仍以语言语义修辞为主，虽然有学者开始从诠释学的角度对此展开研究，但仍缺乏更为系统和整体性的研究。

2.3.2 《墨子》译介

2.3.2.1 《墨子》简介

墨子，名翟，春秋末期战国初期人，墨家学派的创始人，也是战国时期著名的哲学家、科学家、外交家、思想家、教育家和军事家。就科技而言，他创立了一整套科学理论，包括几何学、物理学、光学、逻辑、军事工程等思想。《墨子》一书分为两部分：一部分记载其言行，另一部分为《墨经》。其中，《墨经》包括《经上》《经下》《经说上》和《经说下》。《墨子》包含非常丰富的科技思想，如力学、运动学、守恒定律、光学、数学等。

2.3.2.2 《墨子》外译简介

《墨子》一书有多家译本，据我们掌握的资料，较早的英译本当属梅贻宝(Y. P. Mei)的选译本 *The Ethical and Political Works of Motse* (1929)，该译本选择《墨子》中的36篇。梅译以孙诒让的《墨子间诂》为底本，并比对了福尔克的德文译本。"紧扣原文，且注释详实，译文质量较高。"梅译以异化为主，以保存原作的内容与风格。其读者对象为"具有一定的中国传统文化知识基础，能够结合译文的注释自行比对不同文本，并就所涉及的内容进行扩展性阅读，尽可能理解原文意思的英美人士"(廖志阳，2013：232 - 233)。华兹生(Burton Watson)的选译本 *Basic Writings of Mo Tzu* (1963/2003)选译了《墨子》的13个章节，译者主要使用了解释性翻译策略，其可读性比较高。

20世纪70年代，葛瑞汉(Angus Charles Graham)与李约瑟都出版了选译本。葛瑞汉的选译本 *Later Mohist Logic, Ethics and Science*(1978)选择了原作中有关科技的六个章节，不过这六个章节并非全部译出，而是在对原作理解的基础上进行解释性翻译和重构。李约瑟在其《中国科学技术史》(第二卷)(1980)中翻译了“经上”和“经下”的部分内容。李氏主要关注《墨子》中的科技思想，比如有关物理学和生物学的知识。其译文综合了前人的译文及其本人的理解。

进入21世纪后，又有三个译本问世。汪榕培、王宏全译本 *The English Version of the Complete Works of Mozi*(2006)的翻译工作历时两年半，并在参考国内外关于《墨子》的考证和研究的基础上完成，是中国本土译者翻译的第一部《墨子》英语全译本。就翻译策略而言，该版本译者“采取能动、积极、进取和开放的文本处理手法和文本观，翻译就是选择，允许有不同的理解”(汪榕培、王宏，2006：前言33)。三年后，李绍崑全译本 *The Complete Works of Motzu in English*(2009)出版，其特点是：译者多采用直译的翻译策略，辅以意译方法。并且，译者还在每章的开头给出一段导读文字，增强其可理解性。之后，伊恩·约翰斯顿的全译本 *The Mo Zi: A Complete Translation*(2010)在译文前面附加了一个长达80多页的导论，内容涉及墨子介绍、墨家、《墨子》简介、核心观点、对汉代以前哲学家的回应、汉代以前学者对墨家的回应、韩愈的文章等。该译本采用中英文对照的形式。译者将其读者对象设定为两类群体：一类是对墨家哲学感兴趣的读者；另一类是对原文文本感兴趣，把《墨子》视为中国早期哲学作品、且中英文水平较高的读者。

2.3.2.3 《墨子》英译研究

有关《墨子》英译的研究相对较少。现有研究包括主要译本介绍(廖志阳，2013；戴俊霞，2013)、修辞格的英译(郑侠、宋娇，2015)、翻译策略与原则研究(王宏，2013；郑侠等，2013)。鲜有学者关注《墨子》科技思想的英译。

2.3.3 《淮南子》译介

2.3.3.1 《淮南子》简介

刘安(公元前179—公元前122),博学多识、著述甚丰,其著作"主要有《内书》《外书》与《中篇》,此外还有《淮南杂子星》《淮南王赋》《庄子略要》《庄子后解》和《淮南万毕术》"(王巧慧,2009:13)。

刘安的著作流传至今且非常有影响力的要数《淮南子》,该书又名《淮南鸿烈》《鸿烈》,由刘安及其幕僚所著。《淮南子》涵盖了"古代科学百科,例如,对于天文学、物理学、地理学、物候学、化学、农学、水力学、气象学、医药学、生物学、人种学,乃至音乐、度量衡计算等等,作者都作了深入浅出的论述"(陈广忠,2000:序言2)。在许多领域,《淮南子》的科技思想都处于同时代世界领先水平。比如,作者创立了比较完整的有关二十四节气和二十八星宿的系统。陈广忠(2000)比较系统地阐述了《淮南子》的科技思想。以生物进化为例,作者认为《淮南子》中提出了生物进化模式、关于生物的分类、人类社会进化论、生物资源的保护和利用等。

2.3.3.2 《淮南子》外译简介

相对于《黄帝内经》与《墨子》的翻译而言,《淮南子》的译本较少,全译本更少。较早的译本要属19世纪初英国人弗里德里克·H.巴尔弗(Frederic H. Balfour)的《淮南子》零星节译本,该书的第一篇被译为英文,题为《〈淮南鸿烈〉第一篇》。此后,在《中国古代科技史》中,李约瑟多次提及《淮南子》中与中国古代科技相关的内容。20世纪末,安乐哲(Roger T. Ames)与刘殿爵合作,翻译了《淮南子》之"原道训"部分,书名为《〈原道〉〈淮南子·原道训〉的英译和研究》(*Tracing Dao to Its Source*)。该书于1998年由巴兰坦图书公司(Ballantine)出版。此译本不只是以单纯的翻译为要务,更着眼于对原作的研究,试图在厘定中国古代科技、哲学等中具有中国特质的传统术语、思想等的基础上再进行翻译，充分体现了诠释与翻译的结合，翻译即诠释。

值得称道的是，2010 年《淮南子》出了两个全译本，既有国外译者的翻译，也有国内学者的译本。美国学者约翰·S. 梅杰等人耗时 10 余年，第一次将《淮南子》全书译为英文（*The Huainanzi*），2010 年由哥伦比亚大学出版社出版。至此，该典籍才有了第一个英文全译本。该译本共 988 页，由致谢、导言、译文、附录和索引组成。其翻译的目的在于使专家及一般读者都能从中领略其丰富的哲学内涵、精巧的结构安排、复杂的文体风格与修辞技巧。梅杰及其翻译团队（2010：34）制订了五条翻译原则：(1) 须是全译本，力求忠于原作，既无增添，也不过多解释；(2) 使用标准、通畅的英语翻译，既无深奥术语，也无矫揉造作之句；(3) 保留原文的重要风格，如对仗句、诗文、格言警句等；(4) 重视原文的形式特征；(5) 尽力从其本来面目理解原文。此译本中附有译者的许多注解，可以促进读者对原作的理解。同年，"大中华文库"丛书也推出了由翟江月、牟爱鹏合译的《淮南子(汉英对照)》，由广西师范大学出版社出版。该译本为三卷本，共计 1 603 页，为国内第一部英译本，译本包括原文、现代汉语译文和英译。

2.3.3.3 《淮南子》英译研究

国内有关《淮南子》英译的研究较少，仅有的研究多关注其译介与传播（陈广忠，1996；戴黍，2003；陆耿，2011；丁立福，2015）。

国外相关研究也不多。詹姆斯·D. 塞尔曼（James D. Sellmann）在其书评（2013：267－270）中对《淮南子》的两个译本作了简单介绍。学者较少涉及《淮南子》的翻译问题，而是集中探讨其科技思想，比如哈罗德·D. 罗特（Harold D. Roth）（2015：341－365）较为系统地探讨了该作品中的宇宙论思想。艾丽丝·威廉森（Alice Williamson）（2011）介绍了书中天文与乐律之间的关系。

由是可知，《淮南子》英译并未引起学者的广泛关注，更谈不上系统的研究。

2.3.4 《梦溪笔谈》译介

2.3.4.1 《梦溪笔谈》简介

沈括(1031—1095)，字存中，杭州钱塘(今浙江杭州)人，是我国北宋时期著名的科学家，在诸多科技领域均有很高的建树。据乐爱国(2006:147)，在天文历法方面，沈括改制了浑仪、浮漏和景表，并提出了"十二气历"；在数学方面，沈括提出了求解垛积问题的"隙积术"和已知弓形的圆径与矢高求弧长的"会圆术"；在物理方面，沈括发现了磁针不完全指南的磁偏角现象，并且做过凹面镜成像实验和声音共振实验；在地学方面，沈括用流水侵蚀作用来解释雁荡山以及其他奇特地貌的成因，并制成木质立体地图，绘制全国地图；在医药学方面，他编著了《苏沈良方》，对以往药物名称出现的错误进行纠正。所以，李约瑟称其为"中国整部科学史中最卓越的人物"。

《梦溪笔谈》共收录609篇文章，这些文章大都比较精短，少则一两句，多则一两页，然而却是知名度最高、影响最大、传播最广的中国古代笔记体裁作品。《梦溪笔谈》最初有30卷，现存26卷本最迟在南宋初年之前已经流行。《补笔谈》3卷、《续笔谈》1卷则为《梦溪笔谈》成书后沈括所写的补稿。

《梦溪笔谈》是中国科技典籍的集大成者。有关自然科学条目约占全书的三分之一，内容包括天文、数学、地质、地理、气象、物理、化学、生物、农学、医药学、印刷、机械、水利、建筑、矿冶等各个分支。书中所记述的许多科技成就均达到当时世界的极高水平。李约瑟(1954:136)曾将《梦溪笔谈》所有条目分类，其表如下：

表 2.2 《梦溪笔谈》各类条目及数量

内　容	条目数量
官员生活与朝廷	60
学术及科举事宜	10
文学与艺术	70
法律与警务	11
军事	25
杂闻和轶事	72
占卜、魔术与民间传说	22
人文事务	总计 270
易经、阴阳、五行	7
算学	11
天文、历法	19
气象学	18
地质学与矿物学	17
地理学与制图学	15
物理	6
化学	3
工程、冶金与工艺	18
灌溉与水利工程	6
建筑学	6
生物科学、植物学、动物学	52
农艺	6
医药学	23
自然科学	总计 207

（续表）

内 容	条目数量
人类学	6
考古学	21
语音学	36
音乐	44
人文科学	总计 107

潘天华(2008:5-6)在前人研究的基础上，重新对书中条目进行分类整理，发现自然科学与技术 253 条，人文社会科学 356 条。虽然不同学者的划分存在一定程度的出入，但有一点是确定的，即《梦溪笔谈》包含大量的古代科技知识。

2.3.4.2 《梦溪笔谈》外译简介

《梦溪笔谈》已被译为多种文字，就其英译而言，李约瑟在《中国科学技术史》(1954/1959/1962)的第三卷和第四卷中有多处谈及《梦溪笔谈》，并将其中的许多内容译为英语。

《梦溪笔谈》英文全译本(*Dream Talks from Dream Brook*)由王宏教授主持翻译，历时四年半完成。此译本最先于 2008 年由四川人民出版社出版，并于 2011 年由英国帕斯国际出版社(Paths International Ltd.)出版，全世界发行。译者确定的读者群为“英美国家的普通读者”。为此目的，译者制定了“明白、通畅、简洁”的翻译原则。译文不过度拘泥于原文的行文结构，在可读性强的基础上尽力做到简洁。同时，对于技术性的内容，译者采用了解释性策略；对于叙事性条目，则尽可能采取直译法。此译本以“准确、易懂、畅达”为英美国家读者所喜爱。

除了英译本，《梦溪笔谈》也被译为其他文字。较早的法文译本是法国学者斯丹斯拉斯·茹莲所译的《梦溪笔谈》部分章节，于 1847 年出版。后来，该书中的活字印刷术又被德国学者霍勒(1929)译为德文。据王宏(2008)，德国汉学家康拉德·赫尔曼先生花了三年多时间，把《梦溪笔谈》

全文译成了德文，由迪特里希出版社出版。为了准确地向德国读者介绍这本书，赫尔曼在翻译过程中倾注了大量的心血。凡涉及历代年号之处，他都注明了公历年代，并以较长的篇幅对沈括的身世、经历和《梦溪笔谈》的成就作了详细介绍。书后还附有注解 700 余条、中国历史年表、北宋年号一览表及宋代度量衡与现代计量的换算表。另外，还有人名、地名索引，并列出了 127 种参考书目。1968 年始，日本学者薮内清博士组织十余名专家将《梦溪笔谈》全部内容翻译为日文，于 1981 年分三册出版。

2.3.4.3 《梦溪笔谈》英译研究

国内外关于《梦溪笔谈》的英译研究较少。王宏(2010)结合其翻译的《梦溪笔谈》英译本指出，原作包含了不同的文本类型和条目内容，应该根据其差异制定不同的翻译策略。吴艳萍(2013)借鉴系统功能语法，通过文本细读对比原作与译作，指出前景化和语旨在古汉语文献英译中的作用，并提出译文既要准确传递原文的信息，又要保留其风格。闫春晓(2014)也谈及该作品的翻译策略问题。

2.4 现有研究的成绩与不足

2.4.1 成绩

随着研究的逐渐深入，相关研究取得了一些成绩，主要表现在以下方面。首先，相关研究逐渐增多，已发表的相关论文数量与质量不断提升，前文对此已有详细论述。其次，研究内容和研究领域不断拓展。关于古代中医药和茶典籍的翻译研究已蔚然成风，且已形成研究团队，这些领域的研究已经常态化。对于农学、综合科技等的翻译研究渐成趋势。例如，《金匮要略》《天工开物》《算术书》等科技典籍开始引起研究者的兴趣。第三，就研究视野来看，虽然以微观研究为主，但是中观研究和宏观研究开始有所涉及。研究者借用的理论也日趋多样化，单就诠释学来看，已有学者开始采用诠释学相关理论解决中国科技典籍翻译研究中遇到的问题。最后，研究方法日益多样化。比如，语料库作为一种统计工具，逐步被越来越多的学者用来研究中国科技典籍翻译。这些成就为本研究的展开奠定了基础。

2.4.2 不足

结合前面的研究，本研究发现，已有研究主要存在以下不足：

首先，已有研究未从总体上考察中国科技典籍翻译，多是零星的、碎片状的研究。换言之，这些研究多聚焦某一领域的某个文本，没能将中国古代科技视为一个整体，较难揭示其全貌。另外，以往的研究大多是零散的微观研究，宏观研究较少。研究领域较少，主要包括中医药和茶典籍，对中国古代科技的其他学科关注不够，许多领域甚至无人问津。以往研究极少关注《淮南子》的翻译，本研究将把该科技典籍翻译作为研究的重点之一。

其次，研究方法较为单一，以语言比较和文化比较为主，缺乏更具系统性、整体性、综合性研究方法的介入。规定性研究居多，描述性研究较少。较少从中国古代科技作品特质如哲学性、多义性等综合特征出发，综合中国古代科技文献的本体特征、认识论、方法论等整体特征考察其翻译。

另外，也是最重要的一点，从诠释学角度探讨中国科技典籍的研究较少，并且仅有的研究都以中医，尤其是《黄帝内经》为语料，多研究其具体的翻译策略。在这方面存在以下两点不足：一方面，研究面窄，谈不上从中国科技典籍及其英译之本体论、认识论和方法论方面作系统诠释，需要着力拓宽研究面；另一方面，诠释学的解释功能远未发挥出来。

最后，较多学者研究中国科技典籍之语言、文化内容的翻译现象，较少考察其科技思想的翻译，如中国古代科技本体根源性范畴与属性、科技方法等。这类研究忽视了中国古代科技的内核，较难揭示其翻译的本质属性与规律。

整体而言，国内外对中国科技典籍英译的研究主要涉及较具体和微观的语言和文化的比较性分析，既有较具理论思辨性的讨论，也有更具实际操作性的探讨，为本研究的开展奠定了基础。然而，由于中国科技典籍的复杂性，就以往研究来看，宏观研究、宏观与微观相结合的研究较少，研究方法也较为单一、静态。这种现状为本研究从诠释学角度全面讨论中国科技典籍英译的诠释方式，即本体论维度（本体根源性范畴和本体属性）、认识论维度（文本特征和认识方式）与方法论维度（科学范式与科学方法）提供了探索的空间。以上文献回顾表明，无论就中国科技典籍翻译研究的整体而言，还是就所选四部典籍来看，尚缺乏从诠释学角度对其作系统考察的研究。

2.5 小　结

本章重点回顾、梳理、分析了中国科技典籍翻译（英译）研究与中国科技典籍翻译（英译）实践现状。在总结取得的成绩的同时，主要分析了与本研究相关的问题。以此为基础，尝试发现本研究的着力点和研究重点。文献综述与分析发现，诠释学视角的中国科技典籍翻译（英译）研究较少，从这个角度切入探究此类翻译现象尚未引起学者的足够重视。第一章（绪论）表明，诠释学有助于中国科技典籍的解读、理解与诠释，诠释学促进了翻译（学）的发展，当下极有必要从诠释学的角度研究中国科技典籍翻译。借助诠释学，可以更好地探求中国科技典籍翻译这一特殊事件中译者的诠释行为，为此类文献的译介与传播提供有益参考。

第三章　诠释学与中国科技典籍英译研究耦合

3.1　引　言

诠释学与生俱来就与理解、解释和翻译密不可分，其本身就蕴含翻译之义。同时，从翻译的视角来看，任何翻译理论和实践都绕不开诠释问题，翻译本身就有理解与诠释的内涵，并且自翻译学产生之日起，诠释学就对其发展起了极大的助推作用，为其提供了丰富可行的解释学理据；另一方面，中国古代科技自身的属性又为从诠释学的角度研究其英译提供了广阔的诠释空间。

前文已经证明从诠释学的角度研究中国科技典籍英译的必要性，本章从理论上探究其可行性，尝试构建中国科技典籍英译的诠释学框架。

科学理论的目的旨在描述科学现象、解释科学现象，并对未来研究作出一定的预测。本研究主要借用诠释学的相关理论，辅以翻译学、哲学、修辞学等领域的理论，描述和解释中国科技典籍英译现象。但本研究又不将整个研究完全囿于某一种或某几种理论，而是根据研究的需要，既要来自理论，依据某种或多种诠释学理论灵活地解释该领域的某个翻译现象，又要回归理论，由某种翻译现象触发，从诠释学和翻译学的视角观之，尝试借此对该领域的某种翻译现象作出解释和描述，并丰富诠释学和翻译学理论。

鉴于此，有必要首先介绍与本研究相关的诠释学概念和理论，然后在此基础上，本章将尝试构建适于中国科技典籍英译的诠释学框架。

3.2 诠释学：理解与解释的科学

3.2.1 何为诠释学

在西方语言中，以英语（hermeneutics）、德语（Hermeneutik）为例，“诠释学”[①]一词源于赫尔墨斯（Hermes）。据传，赫尔墨斯是希腊神话中的一位信使，负责将神祇的指令传于凡人。由于神界语言有别于众生之语，赫尔墨斯的职责不是简单的“复制—传达”，而是在理解“神语”的基础上，再用普通人的语言表达出来，晓谕百姓。同时，神谕中疑难之处也需解释清楚。由此可见，这一过程包括了理解、解释和翻译。诠释学天生与理解和翻译结下不解之缘。“诠释学的工作就是一种语言转换，一种从一个世界到另一个世界的语言转换，一种从神的世界到人的世界的语言转换，一种从陌生的语言世界到我们自己的语言世界的转换。”（洪汉鼎，2001a:3）在汉语中，“诠释”一词也包含“解释、说明”之意。诠释学在当下已经发展成为一门显学，对人类科学的诸多领域产生了、并产生着直接或间接的影响。因为一切人类学科均涉及理解与解释问题，就方法论而言，诠释学可以为诸多学科提供直接的指导原则或方法，如视域融合、前见、历史距离等。就认识论和哲学层次而言，诠释学扩大了人类认识世界的视域。在此背景下，产生了宗教诠释学、文学诠释学、法学诠释学、科学诠释学、翻译诠释学、医学诠释学、商务诠释学，教育诠释学等。

早期的诠释学本质上是方法论的，即试图根据一定的方法确定原文

① 诠释学，也称为解释学、阐释学、释义学、解经学等，本书中除引文中按照其原本措辞外，均使用“诠释学”一名。

的意义。据狄尔泰(1990:57),诠释学就是解释文献的技艺学。施莱尔马赫认为,诠释学是理解的精确性(subtilitas intelligendi),而诠释学的对象则是精确的解释(subtilitas explicandi)比理解的外在表达(articulation)更多的东西。在施莱尔马赫看来,诠释学由两部分组成:精确的理解和精确的解释。刘易斯·舒科尔(Luis Schökel)(1998: 16-17)认为,诠释学是研究文学文本的理解与解释的理论,包括再生型、解释型和规范型三种类型。

之后,许多诠释学学者都对此概念有过专门研究。

让·格朗丹(Jean Grondin)(2009: 8-9)对“诠释学”依据不同时期作了界定。17世纪至19世纪末,它指解释的科学或艺术。而20世纪以后的“诠释学”更具有哲学的本体论意义。诠释学包括三种基本意义:(1)作为对传承下来的文本特别是《圣经》作出理解的技艺学;(2)狄尔泰继续发展施莱尔马赫诠释学的普遍化倾向,提出诠释学可能提升成为精神科学的方法论,因为所有这类精神都与文本的解释打交道;(3)马丁·海德格尔(Martin Heidegger)使这种基础理论向普遍化过程迈进了一大步,诠释学成为哲学研究的生存论(Existenzial)(格朗丹,2015:187)。

海德格尔(2009:9-18)也曾考察过从柏拉图至狄尔泰等诸多哲人和诠释学学者关于“诠释学”的种种理解。柏拉图认为,诠释就是“告知另一个人的意思”。海德格尔将他以前的诠释学概括为“对另一个人话语理解的艺术”。即便是狄尔泰[①]也不例外。海德格尔抛却现代意义上的“诠释”,转而认为,实际性的解释之“传达的”实现,即遭遇(Begegenung)、观看(Sicht)、把握(Griff)和概念(Begriff)表达的实现(2009:18)。此外,解释(Auslegung)是实际生活本身之存在的在者的方式。

美国诠释学学者理查德·帕尔默(Richard Palmer)(1969: 33-45)提出诠释学的六种定义:作为《圣经》考据学的解释学、作为一般哲学方法论的解释学、作为一切语言理解之科学的解释学、作为精神科学的方法论

① 狄尔泰将诠释学定义为“理解的规则”。海德格尔:存在论:实际性的解释学[M].何卫平译.北京:人民出版社,2009.

基础的解释学和作为生存论现象学或作为生存理解理论的解释学，以及作为神话和象征的解释理论的解释学。帕尔默全面总结了诠释学的意义，这种总结是诠释学的一个缩影，即理解方法—生存哲学—哲学解释。

从以上关于“诠释(学)”的诸种含义可以发现，尽管大家对诠释学的定义有所不同，但是基本都是围绕理解和解释展开的。当然这种理解和解释都是针对文本的。因此，本研究将诠释学定义为对文本的理解和解释的科学。利科(1987:41)将诠释学定义为“关于与文本(Text)解释相关联的理解过程的理论。其主导思想是，作为文本的话语的实现问题”。利科视文本为理解和解释的中心环节，并认为诠释学是方法论问题，研究话语意义的实现问题。伽达默尔(Gadamer)(2010:241)在考察诠释学历史的基础上认为，诠释学就是“对文本的理解技术的古典学科”。诠释学不仅仅局限于文学领域的诠释，而是关于任何文本的理解和诠释，“正如任何其他的需要理解的文本一样，每一部艺术作品——不仅是文学作品——都必须被理解，而且这样一种理解应当是可行的”(同上)。

不难发现，诠释学自诞生之日起，便与理解和翻译一脉相连，为人类理解和解释其他学科提供了更多的可能性，拓展了人类认识的疆域，这其中包含对“翻译”的理解和认识。这为研究中国科技典籍英译的诠释提供了学理契机。本研究将从诠释学的视域探究中国科技典籍的具体翻译和诠释现象，既考察译者对原作(文本)的理解，又探究译者如何在目的语——英语——中诠释其理解。

3.2.2 诠释学视域中的意义

理解与翻译皆始于对意义的解读，并复归于意义。因此，意义对于理解、翻译与诠释而言至为重要。在考察以上诸概念时，有必要首先探讨一下“意义”的意义。

就早期的诠释学而言，意义是固定的，是诠释者追寻的终极真理，主要表现为解经学学者对于《圣经》本义的探讨与求索。中国的诠释学，主要是训诂学，也是探求对原典原义的追逐。到了海德格尔，语言成为人类的精神家园，意义随之具有多样性与主体性。汉斯·尧斯（Hans Jauss）与利科等人则又回到诠释学的早期传统，认为文本的意义是稳定的，存在于文本之中，诠释学的任务就是探寻这种意义。

本研究的诠释学视域意义既观照原作意义、文本意义和作者意义，又考察读者的主体参与，理解真实的发生意义构成境况。中国科技典籍被视为中国的经典，其意义是相对固定的，这种意义以原作的文字为基础，产生于作者的意图与创作背景，这也是本研究以诠释学为理论基础与探讨视野的原因之一。译者在翻译此类文本时，这种意义既有很大的稳定性，又会依据译者的不同，存在一定的差异性。但是，整体而言，这种差异性相对比较小。

3.2.3 诠释学：理解与解释

西方诠释学发端于宗教，即对《圣经》教义的诠释。直至1629年，德国神学家丹豪尔（Dannhauer）才提出“诠释学”的概念。此后主要经由迈耶尔（Meier）、阿斯特（Ast）、施莱尔马赫、狄尔泰、海德格尔、伽达默尔、赫施（Hirsch）、贝蒂（Berti）、利科等学者的不懈努力，诠释学从特殊诠释学发展为一般诠释学，再到哲学诠释学。

本研究按照以下线索来理解西方诠释学的主要发展脉络。根据帕尔默（1969）和洪汉鼎（2001b）对于诠释学六种意义的划分，可以将西方诠释学发展历程简单概括为：作为圣经理论的诠释学→作为语文学方法论的诠释学→一般诠释学→作为人文科学普遍方法论的诠释学→作为此在和存在理解现象学的诠释学→作为实践哲学的诠释学。每一种意义都是西方诠释学发展的一个历史阶段，都指向诠释学研究的一种“进路”，帕尔默说，对这六种定义的概要叙述“也可被视为对诠释学定义的一个简明的历史概论”（2014：51）。王庆节认为，诠释学发展过程为从“如何理解”到“什么是理解”的过程（参见王宾，2006：97）。虽然这一概括比较简略，但也与帕尔默的观点较为一致。

作为圣经理论的诠释学。西方诠释学最早的诠释传统始于对《圣经》

的解释，其目的是要发现《圣经》文本中"神的真言与意旨"，一方面，需要将其中的意义解释给信众；另一方面，要尽力减少误读，或者说是排除影响正确理解文本的障碍。为达此目的，不同的诠释学学者作出许多尝试。被称为"基督教之父"的斐洛(Philo Judeaus，公元前 50 年—公元 20 年)提出"喻意解经法"，何卫平(2001:116)认为，这种解经法不只重视读者对圣书的表面解读，更强调其背后的隐喻之意，这种方法借助于哲学阐释宗教内容，构建适恰的方法策略，将希腊精神与希伯来精神放在一起考虑，因为它们虽然形式有异，但本质相似：前者是隐喻的语言，后者是理性的语言，并且二者可以转换。神学家卡西安(John Cassian，约 360 年—430 年)提出了"四意解经法"，即圣经的字面解释、伦理解释、寓意解释和神秘解释。此解释原则与哲罗姆的解释方法(历史的、伦理的和寓意的综合法)有相似之处。

作为语文学方法论的诠释学。语文学诠释学始于 18 世纪，代表人物有德国语文学家迈耶尔和阿斯特。前者"试图以一种普通语义学来奠定诠释学的基础"，而后者"区分了三种理解：历史的理解、语法的理解和精神的理解。历史的理解指对作品的内容的理解……语法的理解指对作品的形式和语言的理解，也就是解释作品的精神所表现的具体特殊形式，其中包括训诂、语法分析和考证；精神的理解指对作者和古代整个精神的理解"(洪汉鼎，2001b:21)。以此为基础，阿斯特将诠释学分为文字的诠释学、意义的诠释学和精神的诠释学。奥古斯特·伯艾克(August Böckh)是另一位语文学诠释学的代表，著有《语文科学的百科全书和方法论》。该书将诠释分为语法诠释、历史诠释、个体诠释和类型诠释。前两种诠释是"基于被传达信息的客观条件的理解"而作出的解释；后两种诠释被认为是"基于被传达信息的主观条件的理解"而作出的解释(彭启富、牛文君，2011:52)。前两种类型的诠释侧重于解释的客观性，而后两种类型的诠释侧重于解释的主观性。

一般诠释学，又称为"作为理解和解释科学或艺术学的诠释学"。这是普遍意义上的诠释学，最主要的代表人物是施莱尔马赫，其目的是解释所有文本，而不仅仅局限于圣经文本和法律文本。一般诠释学的核心基础是，虽然各种文本存在差异，但是它们都具有语言性，“我们可以运用语法来发现句子的含义；无论是什么类型的文献，其意义都是在普遍观念与语法结构相互作用中形成的”（帕尔默，2012：112）。施莱尔马赫认为，诠释学的任务是“有助于我们避免误解文本、他人讲话或历史事件的方法”（洪汉鼎，2001b：22）。他还宣称，诠释学旨在能够像作者一样理解文本，并有可能理解得更好，因为读者对作品的理解其实就是重建原作。后来，施莱尔马赫将解释学分为语法的解释和心理学的解释。前者关注语言共性，偏向于外；后者聚焦不同作者的差异与个性，偏向于内（洪汉鼎，2001a：77）。

作为人文科学普遍方法论的诠释学。狄尔泰被称为“哲学诠释学的第一位经典作家”，他说“自然需要说明，精神需要理解”。因为，在他看来，“自然科学是从外说明（erklaeren）世界的可实证的和可认识的所与，而人文科学则是从内理解（verstehen）世界的精神生命。因而说明与理解分别构成自然科学与人文科学各自独特的方法”（洪汉鼎，2001b：23）。自然科学在于“说明”不同事物、现象之间的因果关系，而人文科学则要渗入他人的内在经验去体会和“理解”他人的内在经验。“关于理解和解释的诠释学就被规定为人文科学的普遍方法论。人文科学的对象是过去精神或生命的客观化物，而理解就是通过精神的客观化物去理解过去生命的表现。”（同上）他认为，不同于自然科学，“精神科学的有效性与客观性应在人的内在经验中寻找”（格朗丹，2009：140）。狄尔泰还提出了诠释学模式，即体验—表达—理解（experience—expression—understanding）。因此，对狄尔泰而言，要理解精神科学（人文科学），就是要重新体验过去的他人的精神和生命。

作为此在和存在理解现象学的诠释学。深受胡塞尔现象学的影响，海德格尔在他的《存在与时间》（1927）一书中提出“此在诠释学”（hermeneutic of Dasein）。“诠释”不再仅仅是一门解释的技艺，而成为人类存在的方式，并朝着哲学的方向发展。自此，诠释学实现了从认识论到本体论的根本转变，因为，诠释学“既不是指文本诠释的科学或规则，也不是指精神科学的方法论，而是指他对人类存在本身的现象学说明。海德格尔已表明，“‘理解’和‘诠释’都是人类存在的基本方式”（帕尔默，2012：

61)。“理解不再是主体的行为方式,而是此在本身的存在方式。”(洪汉鼎,2013:译者序言 ii)海德格尔对于诠释学的发展与贡献为哲学诠释学的产生奠定了基础。

伽达默尔的扛鼎之作《真理与方法》(1960)是对海德格尔“此在诠释学”的发展,更是诠释学发展的顶峰。至此,诠释学上升为“哲学诠释学”(philosophical hermeneutics),具有本体论的价值和意义。“哲学诠释学正是在把传统诠释学从方法论和认识论性质的研究转变为本体论性质研究的过程中产生的。”(洪汉鼎,2013:译者序言 ii)哲学诠释学的目的不再局限于具体的“如何诠释/理解”的技巧和方法,而演化成一门探究“人类的理解如何可能”的科学。此外,语言不再仅仅是人类思维、理解的工具,而是人们赖以存在的方式,“能够理解的存在就是语言”。这也是洪汉鼎称“伽达默尔以语言为主线的诠释学本体论的转向”的根本原因。

作为实践哲学的诠释学。[①] 结合伽达默尔的观点,洪汉鼎(2001b:20)认为,当代诠释学具有双重任务,即作为理论和实践的哲学,就是说,诠释学不只是用于实践的技术方法,也不是一般的理论知识,而是一门综合理论与实践双重任务的哲学。

利科看到了施莱尔马赫、狄尔泰、贝蒂、赫施方法论诠释学以及海德格尔、伽达默尔本体论诠释学各自存在的不足,创立了“文本诠释学”。利科将解释学和“文本理论”联系起来,是有目的地限制海德格尔和伽达默尔予以解释学的那种广阔性和普遍性,从而达到把本体论的解释学与方法论、认识论的解释学融合为一的目的。在王岳川(1999:234)看来,“回到文本”就是重返施莱尔马赫和狄尔泰的基点,关注由文字固定下来的生命表达形式——文本。当然,利科也特别重视理解的历史性,这是一个新意义产生的过程,它不同于现实生活。但是,文本世界可以揭示现实世界的某些方面,并促使人们反思和理解。在这一进程中,方法论诠释学与本

① 洪汉鼎(2001b:20)将诠释学最后一个阶段定义为“作为实践哲学的诠释学”,认为该诠释学“应当说是 20 世纪诠释学的最高发展”。而帕尔默则认为,最后一个阶段应为“诠释学作为一种诠释体系:意义的恢复与拆毁之对峙”。

体论诠释学统一在一起。

作者、文本、读者共同构织意义之网，成为理解意义、解释意义和翻译意义的三种根本要素，便也构成诠释学的三种核心维度。诠释学学者的思想大都在这三个层面展开，或执其一端，或二、三者兼顾，遂产生了不同诠释学流派。因此，对于任何一方的重视或轻视都会产生不同的诠释学观点。彭启福(2005:61-73)以此三维为线索，将诠释学的发展脉络作了以下归纳：

作者中心论→读者中心论→文本中心论

本文依据其核心观点作了一些补充，制成下表：

表 3.1 诠释学发展脉络

发展阶段	代表人物	核心观点
作者中心论 (方法论诠释学)	施莱尔马赫 狄尔泰 贝蒂 赫施	文本的意义存在于作者的原意，是客观的；诠释学理解的任务是重建这种意义，以主观思想寻找客观的意义，可以通过“心理移情”实现此目的；读者与作者的时空距离可造成误读，具有负面性；理解是一种复制行为。
读者中心论 (本体论诠释学，或曰此在诠释学)	海德格尔 伽达默尔	理解构成读者自身的生存状态；读者对文本意义的创生，以其自身的历史性使文本意义不断创生和流动；通过“视域融合”完成此目的，作者和读者不断发生视界融合，使得文本的意义不断创生、更新；理解是一种创造行为；由时间距离和历史性带来的“先见”是客观存在的，在读者理解意义过程中具有积极作用。
文本中心论 (文本诠释学) (将本体论、认识论和方法论统一)	利科	既关注文本的原意，又强调读者在文本理解过程中的主观性和创造性；以文本为焦点，文本具有自主性，分析文本的特性(永恒性、简化性、意义不确定性、距离的积极影响)；在文本形成阶段，作者意图的主观性和文本含义的客观性统一，在文本理解时，其含义的客观性与读者视域的主观性统一。

诠释学经历了三次重大转向。第一次是从特殊诠释学到普遍诠释学，这一转向是由施莱尔马赫促成的。诠释对象从《圣经》和罗马法律转向一般文本，从而成为普遍的诠释学。第二次转向从方法论诠释学到本

体论诠释学，或者说是从认识论到哲学的转向。海德格尔和伽达默尔是这一转向的主导者，“诠释学的对象不再单纯是文本或人的其他精神客观化物，而是人的此在本身，理解不再是对文本的外在解释，而是对人的存在方式的揭示，诠释学不再被认为是对深藏于文本里的作者心理意向的探究，而是被规定为对文本所展示的存在世界的阐释”(洪汉鼎，2001b：26)。第三次转向是从单纯作为本体论哲学的诠释学到作为实践哲学的转向。

在20世纪西方诠释学的发展过程中，一直存在着一些争议，约略分之，有三种立场。第一种立场是“照原意的理解”，以贝蒂、赫施为代表，主张合理的诠释应该要恢复“作者的意图”，以确保诠释理解的客观性与正确性。第二种立场是“不同的理解”，以伽达默尔为代表，认为每一时代诠释者在诠释经典时都是从自身的情景出发，是为自身开启文本在当前的适用性，无所谓谁对谁错，大家只是理解不一样而已。第三种立场是“较好的理解”，以卡尔-奥托·阿培尔(Karl-Otto Apel)与哈贝马斯(Harbermas)为代表，他们在继承启蒙运动理性至上、历史必须追求进步的前提下，表示“理解”不等于“同意”，我们在面对各式各样的理解时，应保持理性自由与批判的空间，不可以照单全收，而必须有所选择(袁保新，2011:16-17)。

3.3 诠释学与翻译学的耦合

翻译本质上就与诠释学紧密相关。就实践而言，翻译涉及理解与表达，理解原作是实现翻译目的的基础，而早期的诠释学研究就是以实现更好的理解为旨归。利科的诠释学以方法论诠释学为主，探求各种理解的途径。这些研究对于翻译实践大有裨益。就研究而言，翻译学旨在探究制约翻译过程、翻译结果内部与外部的各种因素，诠释学，尤其是哲学诠释学，其许多理论与概念，比如前见、视域融合等都为翻译研究提供了崭新的研究视角和进路。

施莱尔马赫在其《论翻译的方法》(2006:229)一文中提出，译者的任务是缩短原文作者与译文读者之间的距离。为此，译者有两种策略：要么以作者为中心，让读者向其靠拢；要么以读者为中心，让作者向其靠拢。他的翻译观突破了“原文至上”的信条，凸显了译者的地位和主体性。翻译不再完全以原作为中心，研究视域得以拓宽和延伸。

乔治・斯坦纳(George Steiner)认为，理解即翻译，他已将翻译的概念泛化。更为重要的是，他在代表作《巴别塔之后》(2001)中将翻译过程分为四个步骤：信任(trust)、侵略(aggression)、吸收(incorporation)和补偿(restitution)。这个翻译过程就是读者和译者理解和解释的过程，“这个诠释的过程，突破了传统的直译、意译和拟作之间的界限，使话语通过理解和诠释来发挥它的指涉作用”(西风，2009:57)。

在伽达默尔看来，一切理解都是翻译，一切翻译都是解释。“一切翻译就已经是解释(Auslegung)，我们甚至可以说，翻译始终是解释的过程，是翻译者对先给予他的语词所进行的解释过程。”(伽达默尔，2010:540)翻译概念被重新界定，翻译即解释(朱健平，2006:73)。武光军(2008)认为，翻译就是在跨文化的历史语境中，具有历史性的译者使自己的视域与源语文本视域发生融合形成新视域，并用浸润着目的语文化的语言符号将新视域固定下来形成新文本的过程。

诠释学促进翻译批评的发展。张晓梅(2013:2)从哲学诠释学的角度探究翻译批评，结合对文本、文本的理解与解释、文本意义的不确定性等内容的探讨，指出翻译批评应该遵循宽容原则，“翻译文本的意义是通过批评者与文本的对话而产生的效果历史意义，具有时间性和境遇性，是被批评者(包括原作、原作者和译者、译作)与批评者之间视域融合的结果，具有意义的不确定性特征，因此，对翻译意义的评价就不存在单一的标准，翻译批评的标准必须是多元动态的”。

近十年来，先后有数位学者从诠释学的角度著书研究翻译。朱健平撰写的《翻译：跨文化解释——哲学诠释学与接受美学模式》(2007)以哲学诠释学和美学为理论基础，将翻译界定为“解释”，对翻译的内涵、特征、理想的解释度和现实的解释度、翻译解释的结果等问题展开讨论，并坚持读者的历史性和文本的开放性这一观点。裘姬新的著作《从独白走向对话——哲学诠释学视角下的文学翻译研究》(2009)以"语言即对话"为始基,主要借用"视域融合""主体间性"等理论对翻译的文本、互文、翻译主体、名著复译等问题展开讨论。谢云才所著《文本意义的诠释与翻译》(2011)以"文本意义"为靶心,考察影响其翻译与解释的主、客观因素、合适度与翻译标准。徐朝友所撰《阐释学译学研究:反思与建构》(2013)主要探讨了海德格尔、伽达默尔、本雅明、斯坦纳等人的诠释学翻译思想,并对其进行了评价。

可以发现,诠释学作为一门关于理解与解释的科学,极大地促进了翻译学的发展,既有利于研究者探究考察译者对原作的理解,又促进研究者分析译者如何诠释其理解。

3.4 本研究依据的诠释学理论

如前文所言,翻译即是诠释,翻译与诠释具有同源性,无论是西方的诠释学,还是中国的训诂学,它们都与翻译和解释密不可分。因此,在本研究中,翻译与诠释在绝大多数时候具有同义性,这也是本研究将诠释学作为理论视域的主要原因。此外,在本研究中,诠释学是关于文本理解和解释的理论。下面将结合本研究的实际情形,简述与其相关的诠释学理论。

3.4.1 理解与诠释

理解是翻译的起点,是整个翻译过程最重要的环节之一,没有理解,就没有诠释,更谈不上翻译。理解与诠释有时交织进行,很多时候难分彼此[①]。因此有必要从诠释学的角度探讨理解的内涵及其发生方式。

① 理解发生于语言和非语言的心理层次上,停留在主体的内部,运思体会地完成对意义的领悟。诠释由语言表达,主要以文字、言谈以及躯体动作公开地表达出来(潘德荣,2015:65)。

什么是理解？格朗丹(2015:178－179)认为，“理解现象可以意指对某种意义构成物(Sinngebilde)的把握(即一种抓住)，置身于某种状况(熟悉某种情况)，一种谅解或实践的能力(一种熟悉技巧)。此外，理解可以涉及语言，涉及事情或者人：我理解一个命题，理解一件事，理解一位朋友。在施莱尔马赫那里，理解达到一种哲学的意义，理解标志解释(Auslegung)的基本过程。而在德罗伊森和狄尔泰那里，理解具有了方法论的关联”。

诠释学语境下，理解主要包含两种基本倾向，一是对语言文本意义的理解，一是把理解看作本体论意义上的人的存在方式(陈海飞，2005：138)。本研究关于“理解”的概念为第一种含义，即对文本的理解。这种理解和诠释发生在某一特定历史—语言—文化语境之中。本研究试图考察译者在翻译中国科技典籍作品时发生的理解—诠释事件。施莱尔马赫将理解分为语法的理解和心理的理解，自然也就存在语法的诠释和心理的诠释两种诠释方法，前者依据客观的语法诠释意义，后者“关注理解的精神状态、个人的主观性和个别性”(潘德荣，2015:65)。作为浪漫主义诠释学的代表，施氏关注的是如何再现作者的原意，无论是语法的诠释，还是心理的诠释皆以此为其根本目的。在伽达默尔(2010:379)看来，理解是一个事件，理解不是简单地复制原作的思想和观点，而是一个“事件生发过程”，这种事件与读者的前见有关。按照贝蒂的观点，理解现象是一种三位一体(富有意义的形式、解释者和被客观化的精神)的过程，主动的、可以思考的解释者通过与富有意义的形式的照面而认识形式中的意义，即对意义的重新认识(re-cognition)和重新构造(re-construction)(洪汉鼎，2001b:129)。

直观认知在中国古代思维方式、诠释方法等方面都占有重要地位。“正是直观认知(noetische)要素和间接推论(diskursive)要素结合之处，完整的辩证法概念才达到。……诠释学的辩证法概念无非只是这种性质：我们只有通过占有(文字)传承物并与之交往的过程，才能经验到真理的阐明。这种现象在诠释学里被认为是意义的自称事件(Sinnereignis)，这种事件‘正击中了’进行观看的现象学家。”(格朗丹，2015:64－65)

3.4.2 文本:理解与诠释的客体

利科(1987:148)认为,文本“就是由书写所固定下来的任何话语”,并且这种由语言表达的文本有其意义。文本不同于口语或谈话,差异主要表现在以下方面:首先,话语具有持久性,而口语转瞬即逝;其次,文本少了口语在场的许多丰富性特征,因而更简洁;另外,文本的意义具有不确定性,主要由于在场的语言和语境的关系被解除,意义确定的文本被泛化,为文本的多义性埋下伏笔;最后,文本具有自主性,这主要由于文本读者与作者的间距使得读者的理解具有了生产性和创造性(彭启福,2005:58-59)。这表明,文本所受语境的限制要比口语所受限制小得多,作者意图和当时当地的情景要素退场,使得文本更需要诠释,也为读者和译者的主体性和创造性出场做了准备。

3.4.3 历史性:理解与诠释发生的时间境域

文本的产生具有历史性,即它产生于某个特定的历史环境。读者的理解同样有其历史性,既受限于之前的知识积累、人生经历等,又与其阅读时的当下情景相关。所以说,文本自产生到理解和解释的完成都有特定的历史语境。格朗丹(2015:207)也强调理解的历史性,他认为,“某物总是通过历史与我们对话,它用的语言必须翻译成我们自己的语言”。

诠释学对于历史性的考察主要有两种路径。一种路径认为,文本和作者的原意具有客观性,要理解文本,必须追溯并还原作者当时创作的所有因素,理解者是被动的,再现原作的意义被奉为理解活动的圭臬。浪漫主义诠释学学者多属此派,施莱尔马赫即持这种观点。这种诠释观忽视了理解过程中的主要因素——读者——的历史性,这主要源于间距,即读者与作者所处的时间与空间上的距离。

利科(1987:14-15)将“距离”分为四种:“(1) 话语和话语所表达的事件之间的距离;(2) 作为作品的文本与它的作者之间的距离;(3) 文本

语境与日常口语语境之间的距离；(4) 文本意义与话语的直接指称之间的距离。”事件发生时，有其时空境域，并与作者紧密相关，这些距离使得原作脱离了文本表达事件的场景，“文本因为脱离了作者创作时的特定环境，获得了自主性，从而使得文本的意义与作者的主观意图不尽一致”(彭启福，2005:59)。读者和译者面对的是脱离了语境的文本，“作者和读者不再像对话者那样处于共同的时空关系中，而是由对话关系中特定的语境转化成一种待决的语境，一种有待于在不断变化的文本解读关系中重新建立的语境”(彭启福，2005:59)。故此，文本获得了自主性，而读者和译者被赋予了主体性，因为他们无法与作者直接对面交流。同时，由于“以书写形式固定下来的文本却逸离了特定的言谈情景，摆脱了直接指称的限制，它的意义也从既定的对话关系中释放出来，转化成了一种有待于实现的可能性，并因此具有了不确定性”(同上)。这也为理解者的主观性和创造性提供了契机。

诠释学对于历史性考察的另一种路径认为，理解者具有主观性，以海德格尔与伽达默尔为代表。“在一般诠释学中，‘距离’被看作达成正确理解的障碍而遭到流放，而伽达默尔则为‘距离’作了理论平反，认为它是理解得以进行的基本条件，是理解过程中的建设性和生产性因素。”(彭启福，2005:59)正是由于时间距离和空间距离的存在，完全再现作品生成时的文本意义及当时社会文化环境下作者的意义几乎成了不可能的奢望，这便为理解的创造性和文本的诠释性提供了可能性，这也包括译者在翻译时同样会有自己的诠释和创造。孙艺风(2016:157-158)认为，翻译不可避免地要与各类距离打交道，这些距离相互交叠，互为作用，组成立体的制约网络，使得整个翻译过程充满了张力和不确定因素。

任何阅读、理解和诠释活动都是一种效果历史事件，是过去与当下的结合。格朗丹(2015:63-64)认为，我们不需要在一种超历史的立场上去提升知识，所谓超历史立场，即摆脱历史知识的相对性和现象性，以便能看到自在自为的纯粹真理。……真理应当正确地被设置在历史之中。历史既不是思想的阻碍，也不是外在的附件，主要由于两个方面的原因：一方面，效果历史，就文本被历史地解释的意义而言，与理想的‘原始文本’

(Urtext)不可分离;另一方面,当代的解释者的兴趣,就其被当代某种有效的前见所引起而言,在效果历史上是被规定的。

理解是不同历史时期理解的不断累积。"在伽达默尔这里,历史中介标志过去与现在的交融,一种在理解过程中无条件的'视域融合',在这融合中我们不可分辨什么属于现代,什么属于过去。理解的事件性质使这样一种分离不可能。"(格朗丹,2015:64)"真理不存在于精神的历史表现之中,而是存在于历史与现在的中介之中,即在两者的'共时性'(Gleichzeitigkeit)之中。历史永远是'生生不息'的,因为它总是一再重新被理解(或一再重新理解),即因为它与当代的关系,它经历了一种新的现实性。历史真理被理解为诠释学的过程,而不被理解为某种像耶稣显灵那样的东西。"(格朗丹,2015:64-65)因此,在诠释学里没有零点,也没有像黑格尔的那种开端问题。理解经常地与已存在的材料打交道,这种材料被加工和改变。这一点对于中国诠释学和中国古典作品而言尤为明显,例如,中国的"注经学"就是不同时代的学者对某部典籍不同的理解和解释。

其实,对于读者和译者而言,需理解之物总是介于熟悉性与陌生性之间。"诠释学的任务正是建立在熟悉性和陌生性之间的这种对峙上。狄尔泰早就注意到这种关系。如果生命表现完全是陌生的,那么解释(Auslegung)是不可能的,但如果在生命表现里没有什么是陌生的,那么解释也就没有必要。解释正是在于这两个极的对立之间。凡在某物是陌生的地方,解释才被要求,这一点应当是理解艺术的本性。"(格朗丹,2015:185)也即他说的,陌生性与熟悉性的两极化永不能真正完全克服。因此,诠释学的真正位置在于这种对峙中。诠释学对陌生物的占为己有代替了精神与自身的整体和解。

理解和诠释的历史性还表现在人类的历史向度中。换言之,原作在不同的时代,即有不同的理解和诠释。格朗丹(2015:214)认为,每一个文本在不同的时代和不同文化里被不同地加以解释。这些解释的真理并不在于它们一直忠实于文本的原始意义、作者的意见,并因而是正确的,而主要是因为,每一个理解和诠释都有其际遇性,必须与某位读者的具体语境结合才能产生。真理真正产生只有当文本与某个时代的另一类境遇加以联系，从这另一类境遇的问题出发谈真理并重新对其加以表达。在陌生性和熟悉性两极中有其位置的诠释学总是进行一种翻译工作。陌生的语词应对一个新的世界递交它的事情，因为它被应用于某个特定的境遇。不可能有一种唯一的超时代的真的解释。

3.4.4　诠释的主体性

理解和诠释具有主体性，这种主体性正是创造性的根源。翻译也正是因此而具有创造性特征。人们如何理解陌生的东西呢？“在理解过程中产生一种真正的视域融合，这种视域融合随着历史视域的筹划而同时消除了视域。”（伽达默尔，2010：434）以此来看，翻译的本质就是译者重构自己的视域的过程。因为，译者在翻译过程中，其过去和现在的视域一直处于不断的融合过程之中，伽达默尔（2010：550）把这种融合称为“理解的本质”。对于译者而言，此融合过程是源语语言文化与目的语语言文化融合的过程，也是原作思想与其当下思想融合的过程，更是译者视域与预期读者视域融合的过程。译文就产生于这些不同的融合之中，当诸多因素发生冲突时，译者的选择就体现出其主体性。格朗丹（2015：228）认为，“真理生发事件是与建立一种新的视域相联系的。真理开启了新的视域，而这新的视域又总是由过去所规定的。这也很显然，视域、意义、真理、事情常常并因此是运动的”。

3.4.5　理解与诠释的开放性与有限性

理解和诠释都具有开放性，这是由多种原因所致。就文本而言，语言的间距性（跨越时间和空间）决定了理解和诠释他人作品的不唯一性。理解、诠释的主体特征使这种心智活动具有很强的主观性和主体性。如格朗丹（2015：204）所言，一方面，它使真理发生、某陌生的意义内容开放有可能；另一方面，它启示了人们的前见，因为他人的真理经常被放在与我们的关系中突出地表现出来，但它不设定不可扬弃的前知识。另外，开放概念也包含一种特有的诠释学两义性:它既指解释者开放,又指被解释的东西开放。它们两者一开始就不是固定的。解释者开放使他避免独断盲目性,禁止他把一个独断要求提升为真理。

另外,理解的客观性决定了理解和诠释具有有限性。“强调不同理解并不抛弃更好理解的任何可能性。但更好理解的应用领域很小。”(格朗丹,2015:215)一方面,这种客观性主要源自文本的相对稳定性,无论文本语言,还是文本所涉内容均有一定的稳定性和客观性。如果它们都游移不定,无所附着,那么理解、诠释与翻译就没有任何可能性。另外,这种有限性与理解和诠释的有效性密不可分。任何理解和诠释都以理解和诠释的有效性为前提。最后,理解和诠释受制于斯坦利·费什(Stanley Fish)提出的“解释共同体”(interpretive community),即“个别读者仅仅是她所属的所谓的解释共同体的产物,对这个共同体而言,意义总是确定的。也就是说,是共同体为读者作出解释”(伊格尔顿,2017:48)。费什提出的这个概念很有价值,它让我们思考某个群体在其阅读和理解过程中的影响。但这种影响被过分夸大了。应该说,个体读者的理解和诠释受其所属的解释共同体的影响,而非完全受其控制。

文本的理解和诠释是客观性、主观性、有效性与有限性的结合,这种结合对于不同的读者来说皆有差异,文本的翻译也是如此。

3.5 本研究之诠释学框架

需要指出的是,诠释学并无一个完全适合于本研究的系统的理论框架。所以,本研究并非生搬硬套将某个诠释学理论直接套在中国科技典籍英译研究上,而是主要依据诠释学的某些理论,并兼及哲学、翻译学、修辞学、训诂学等相关理论。从这个意义上讲,本研究的诠释学框架是建构性的,即依据中国科技典籍英译,从本体论、认识论和方法论三个层面对中国科技典籍英译研究进行诠释学系统建构。罗杰斯(2012:202)认为,“解释研究往往是归纳的,从经验的层面移向理论的层面。理论确定研究的方向,但是理论通常并不被用来获取用于检验的特定假设”。这也是本研究对理论使用所持的观点。故此,本研究以诠释学为理论基础和视域,对中国科技典籍英译展开研究,探究其诠释方式及制约其诠释的因素。该框架内容包括以下三个层面:

首先,就中国科技典籍英译诠释之本体论维度而言,本研究从中国古代科技本体根源性范畴英译和中国古代科技本体属性英译两个层面作出诠释,前者包括气、道、五行、阴阳,以及相应术语,后者涉及哲学性、人文性、直觉性/经验性。本研究结合所选语料的不同英译本,从以上诸方面考察译者的诠释策略、制约诠释的因素、诠释的属性等。

其次,就中国科技典籍英译诠释之认识论维度而言,本研究首先考察中国科技典籍的文本属性,研究译者在译文中如何诠释这种文本属性,并探究制约译者主体性的因素,这些因素包括译者的前理解、主体间性(译者与赞助人、译者与作者、译者与读者)以及视域融合。

最后,就中国科技典籍英译诠释之方法论维度而言,本文探究译者在翻译中国科技典籍时,如何诠释中国古代科技方法,对比不同译者诠释的异同,并尝试对他们的诠释作出解释。中国古代科技方法主要有:象思维方法(分为四个层次:原象、类象、拟象、大象;包括两种方法:取象比类、象数思维)、逻辑方法(分类之法、异类不比、同异交得、类比推理、归纳推理、演绎推理)、观察方法、验迹原理(沈括采用的科学方法)、实验方法、经验方法、察类明故。

3.6　小　结

本章重点探讨了与本研究相关的诠释学理论,以及诠释学与翻译学的结合,并尝试借用促进翻译研究的诠释学理论以及描述译者对所选语料的英译,寻绎中国科技典籍英译在本体论、认识论和方法论等层面的诠释策略与方法。最后,本章结合中国科技典籍的实际情形,尝试构建基于诠释学的中国科技典籍英译研究框架。

第四章　中国科技典籍英译诠释之本体论维度

4.1　引　言

本体是一物体的最本质的内容，更是区别于他者的核心特质。因此，从本体的范畴考察中国科技典籍英译更能揭示这一特殊的跨语言、跨文化、跨科学范式的交际活动所体现的译者的诠释向度。中国古代科技与近现代西方科技的主要差别之一就彰显于这种本体根源性范畴之中。“中国传统科学史以阴阳、五行、天人感应、格物致知为核心理念来解释各种现象，从而导致在讨论事物的本质、运动、发展时，只作判断、下结论，而不作论证的研究风格。格物致知导向研究越来越抽象，越来越玄，距西方科学研究方法的差别越来越大。”（谷荣兴、姚启明、何哲，2009：113）如何在这两种殊异的科学范式之间架起一座跨越时空间距、文化间距、语言间距、思维间距、科学范式间距的会通之桥成为考察翻译和诠释的主要因素。这种翻译活动诠释不仅有利于中国古代科技文化的现代诠释，更有益于中国古代科技范式的国际解读。

本章首先结合中西关于本体论的阐述，界定其在本研究中的具体内涵，然后从中国科技典籍本体根源性范畴（气、道、阴阳、五行）和本体属性（哲学性、人文性、直觉性/经验性）阐述中国科技典籍的本体。最后，结合《黄帝内经·素问》《墨子》《淮南子》《梦溪笔谈》等英译译例，探究译者的诠释进路，这也是本章最核心的内容。

4.2 本体论概念

本节简要概述中西本体论，以界定本章关于本体论的内涵，进而为探讨中国科技典籍英译之本体论奠定基础。

4.2.1 西方本体论

“本体论”的英文是 ontology[①]，《牛津英语词典》(*Oxford English Dictionary*)将其定义为形而上学的分支，研究“是”之本质。另据尼古拉斯·布宁与余纪元(Bunnin & Yu, 2004: 491 - 492)，ontology[②] 源于希腊语 logos(理论)+ont(是)，即关于“是”的理论。到了 17 世纪，拉丁词汇 ontologia(是的科学)才由德国哲学家雅各布·洛哈德(Jacob Lorhard) 创造，并于 1607 年首次出现在他的著作《八艺》中。后来，德国哲学家克里斯蒂安·沃尔夫(Christian Wolff)在其作品《第一哲学》(1730)中多次使用，他有关本体论的定义出现于黑格尔的《哲学史演讲录》，“本体论，论述各种抽象的、完全普遍的哲学范畴，如‘是’以及‘是’之成为一和善，在这个抽象的形而上学中进一步产生出偶然性、实体、因果、现象等范畴”(黑格尔，1978:189)。至此，该语词得以广泛流传，专门研究“是”的本质特征，回答诸如“什么是存在”“不同的存在之间有何关联”等问题。

在西方，“本体论”是一个哲学概念，并且构成了西方哲学的核心。这

① 关于 ontology 的汉译，一些学者(邓晓芒，2004；张志伟，2010；俞宣孟，2012)有过讨论，认为译名“本体论”有失当之处，因为原文意指“关于存在的研究”，故可以译为“存在论”。本文依旧使用本体论，原因有二：其一，西方关于本体论的研究很大程度上是关于世界的终极本原是什么的研究；其二，主要依循哲学的术语传统，更遵循“如无必要，毋增实体”的术语翻译原则。

② 纵观整个西方哲学史，可以发现，“本体论”一直是作为“形而上学”(metaphysics)的同义词使用的。

一概念可以追溯至2500年以前，当时古希腊思想家就开始了对世界抽象的思考，寻找世界统一的物质。他们认为，“本体即是构成万物本原的东西，或者说是万物产生于它又复归于它的‘始基’。‘水’‘火’‘气’‘种子’等即为此种本体观的本原性概念”（钱广华、张能为、温纯如，2001：2）。巴门尼德（Parmenides）开创了西方本体论哲学，后来经过苏格拉底—柏拉图再到亚里士多德，形成了本体论传统。后经康德、黑格尔达到了本体论、认识论和逻辑三者的统一，海德格尔试图用“基本本体论”来回答“存在为何存在”这一问题。

巴门尼德是最早提出关于“存在”的希腊学者，其观点主要出现于《巴门尼德残诗》中。他“区别了‘真理之路’和‘意见之路’，将哲学引向了追问存在的形而上学大道。……提出了存在作为哲学研究的对象”（张志伟，2010：3）。如他在诗中所说：“唯有那些研究的道路是应当思考的：一条路，存在，非存在不存在……一条路，不存在，非存在是必然的。”[①]

巴门尼德关于“存在”的“两分说”被柏拉图继承，并有了进一步较为具体的阐述。柏拉图把世界分为可感知的世界和理念[②]的世界，前者是人们能感知到的经验的现象的世界，后者是事物的理念构成的本质的世界。前者是“可见的、变动不居的现象世界，由各种具体事物构成”，后者是“不可见的、永恒的本质世界，由各类抽象的相组成。两者既对立，又相互关联，其中居支配地位的当然是本质世界”（李国山等，2008：49）。

亚里士多德虽然未使用“本体论”一词，却被认为是“本体论之父”（Marx，1954：vii）。他说，有一门学问，它研究实是之所以为实是，或曰存在。第一原因须求之于实是之所以为实是，亦为本体之学（亚里士多德，1959：56－57）。亚里士多德将本体论研究系统化，主要讨论了存在的定义与分类、实体、形式和质料、对柏拉图相论的批判等。“存在”有四种含义：（1）表达属性的；（2）用于分类的范畴；（3）是与非是，即命题的真

---

① 《巴门尼德残诗》，聂敏里译，参见张志伟编《形而上学读本》，2010年版，第5页。

② 英语为idea，《柏拉图全集》（王晓朝译，人民出版社，2002年版）译为“相”或“型”，聂敏里译为“形相”，本处译为“理念”。

假;(4)“当是”与“实是”,即潜在的“是”和现实的“是”(亚里士多德,1959:93-94)。而实体是作为存在的存在,是最基本的范畴。个别事物是最基本的实体,由质料和形式组成。质料就是“构成事物的实质材料……所谓事物的形式就是使一事物成为该事物的东西,亦即使之个体化的东西”(李国山等,2008:97)。

黑格尔被称为“西方本体论的集大成者”(俞宣孟,2012:82),并且他的《逻辑学》本身就是有关本体论的专著。黑格尔有关逻辑学的整个体系都是本体论的,如“有论”“本质论”“概念论”,它们都是“同一个绝对精神的不同环节,都是逻辑概念自身运动的展开,它们组成了统一的绝对真理,即纯粹原理”(同上,105-106)。俞宣孟还认为,沃尔夫、康德与黑格尔三人所谓的本体论是一致的,即“这是关于‘是’的学问,并且是通过逻辑的推论得到的纯粹原理”(同上:348)。

奎因的经典论文《论何物存在》(“On What There Is”, 1948)将本体论从人们对物的终极存在的追问带入一个纯语言——理论——的世界。在他看来,本体论的问题就是“何物存在”的问题,可以从“何物实际存在”和“我们说何物存在”两个层面探讨。“前者是关于‘本体论的事实’问题,后者是语言使用中的‘本体论承诺’问题”(张志伟,2010:389)。一个关注的是实际上有什么东西存在,一个关注的是理论承诺有什么东西存在。奎因认为,传统的本体论混淆了这两者的区别。并且,本体论研究的内容应该属于后者,即本体论的研究应该是纯粹语言的问题。

海德格尔被称为“存在主义的创始人之一”,他的著作《存在与时间》和《形而上学导论》都主要论述“本体论”。海德格尔反复追问“缘何存在者存在而无反倒不在”,并视之为首要问题。“是/存在”这一概念具有以下属性,“首先指它是最广泛的问题;其次,它也是最深邃的问题;最后,它还是最源初的问题”(2015b:2)。对海德格尔而言,“是/存在”探究的是世界最核心、最普遍和最始初的问题,是人类一切问题的基础。另外,他也指出,他之前的学者研究本体论忽视了“存在(而不是存在者本身)所处的情形如何”,这也是他本人讨论的主要论题。他主要从语法和词源学两种进路考察“是/存在”,发现这个词空空如许,并有着飘忽不定的含义。

此后，正如其书名《存在与时间》所示，海德格尔将“时间”（或“历史性”）引入，以探讨“存在”（本体）的问题。海德格尔认为，以前的研究者关注的是“存在是什么”，从未探究“存在为何存在”这一问题。

另外，“本体论”研究内容虽名目有异，却在实质上大致相似，可概括为以下方面：本体论探究“是”的概念，以及为什么存在。本体论研究何种物质可以存在，物质如何与他物共存。“种”即类别，“物质”即实在，或曰“是”。本体论包括纯哲学本体论和应用科学本体论。前者考察“是”的概念，后者研究三位一体的存在（实存物质、事件实存状态、现存世界）。就其研究的逻辑范畴而言，则有物理客体、数、共相、抽象等实体（Jacquette，2002：vi；Craig，2005：756；Lowe，2006：5）。

通过上述对有关西方本体论的概述不难发现，对本体论的探讨构成了西方哲学的核心内容，西方哲学的诸多理论都直接或间接与此有关。西方本体论（本体）涉及“是”和“存在”的问题，是对终极性的存在的关注和探索，其内涵可以概括为三个方面：“追寻作为‘世界统一性’的终极存在、反思作为‘知识统一性’的终极解释、体认作为‘意义统一性’的终极价值”（孙正聿，2007：224）。康中乾（2003：127）对西方“本体论”的特征作了以下总结：首先，它是由“是”和“是者”来表达的形式。本体论在形式上就是关于系词“是”与统称为“是者”的各种概念、范畴间的关系的学说。其次，逻辑的构造方法。所有的哲学概念或范畴构成了一个有内在联系的体系，运用“是”的各种概念或范畴可以进行哲学运演，即逻辑推论。

4.2.2 中国本体论

现代意义上的本体论，在其概念与研究方法上主要源自西方哲学传统，中国古代哲学并无西方哲学意义上的本体论。虽如此，中国古代哲学却有自己的本体论传统，其内涵与研究理路有别于西方本体论研究。

中国本体论主要源自中国古代哲学典籍，以《周易》以及儒家、道家经典作品为主。就《周易》来看，有些学者（方光华，2005：36；向世陵，2010：47－48；孙铁骑，2014：71；赵锭华，2015：19）从该典籍中发掘中国本体论的根源与内涵，如《周易·系辞下》有云，“阴阳合德而刚柔有体”，“刚柔者，立本者也”，“显诸仁，藏诸用，此天地之体用也”，等等。由此可知，《周易》以阴、阳为本、体，并有了“体、用之说”与“体、用之别”。刘之静(2006:56)也认为，《周易》的卦象是除去汉字之外的另一套诠释的借代符号，目的是从天地、阴阳的角度“通神明之传”“类万物之情”(《周易·系辞下》)，追寻“寂然不动”的易道，即“本原”，也即本体。《周易·系辞上》则曰：“是故易有太极，是生两仪。两仪生四象，四象生八卦。八卦定吉凶，吉凶生大业。”冯达文(2001:41)认为，“此处即以‘太极’为最初本源而把宇宙生成过程视为由太极而阴阳(两仪)而四时而八卦而万物的过程”。

中国传统哲学的本体论也与道家思想密不可分。老子在《道德经》中将“道”视为万物之根本，“道生一，一生二，二生三，三生万物”。宋哲民将老子的“道”与西方的“本体论”进行对比分析，认为道有着“追本穷源的始基意义，说的是本体论的根据和自然规律、自然法则的本真原理，也包含着事物的相互转化、物极必反的对立、对置、背反的自然规律的本体论特征。因此，老子的本体论是中国本体论哲学文化的基础”(宋哲民，2013:78)。就《庄子》而言，按照张岱年(1985:52)的研究，中国哲学之本根与西方哲学之本体所指相近，主要依据他对《庄子·知北游》的考察，“六合为巨，未离其内；秋毫为小，待之成体；天下莫不沈浮，终身不故；阴阳四时，运行各得其序；惛然若亡而存，油然不形而神，万物畜而不知，此之谓本根”。他据此总结说：“本根是天地万物所不能离的，是天地万物的依据。”邓晓芒(2004)也持这种观点，认为中国的本体论就是本根论。

儒家思想亦是中国传统哲学本体论的沃土。无论是“君子务本，本立而道生。孝弟也者，其为仁之本与”(《论语·学而》)，还是“吾道一以贯之”(《论语·里仁》)，都是追求一个根源。到了宋代，周敦颐的“太极本体论”、张载的“太虚本体论”和“程朱理学”更是将本体论思想发扬光大。周敦颐的《太极图说》有云：“无极而太极。太极动而生阳，动极而静，静而生阴，静极复动。一动一静，互为其根，分阴分阳，两仪立焉。……二气交感，化生万物。”张载认为，“气是万物的本体，一个重要的理论根据就是万物产生于气，复归于气”(方光华，2005:310)。“程朱”不仅将“天理”“太极"视为宇宙的最高本体,更是发展了"体用之说",尤其是朱熹被称为"体用思想的集大成者"。他认为,"人只是合当做底便是体,人做处便是用"(赵锭华,2015:20)。

直至今天,许多中国哲人、学者对中国本体论哲学皆有所阐发,形成了富有中国特色的本体论系统。这种本体论在内涵、特征等方面都与西方本体论有所异同。

中国传统哲学的本体有以下含义:一是根本,本原;二是整体,统一。中国的本体论"指向探索事物的根本、根源、依据、标准,并以之揭示出事物的本来、本然或应然样态的存在,如王阳明说:'心之本体即是天理''至善者,心之本体'"(苟小泉,2013:14)。换句话说,中国语境之本体有"最高""最根本""最普遍""最重要"之义(谢维营,2008:3)。根据康中乾(2003:134),现在我国出版的几乎所有哲学辞典及一般工具书(如《辞海》)大都把"本体论"定义为"关于世界本原或本体性问题的理论"。张岱年(1985:60)也持这种观点,认为把"本体论"解释为"研究世界本源问题的学说",还是名实相符的。另外,方光华(2005:453－454)在梳理分析中国古代本体思想史的基础上认为,中国本体思想在表现形式上有两个特点,即"本体与现象不离,直觉与逻辑统一"。一方面,西方哲学坚持认为,有一个独立存在、绝对的真理世界完全独立于人类可感知的事物,此两者是截然分开的;而中国古代本体论认为,本体与现象是统一的,有机地联系在一起。另一方面,西方的本体论哲学完全剥离于事物自身,是一个纯逻辑的体系;而中国本体论哲学则是二者的统一,中国本体论探索事物的根本、根源、依据、标准,并以之揭示出事物的本来、本然或应然样态的存在。

4.2.3 本研究之本体论概念

以上关于中西本体论的概述表明,中国传统哲学本体论与西方哲学本体论既有相似之处,又有相异之处。本章关于中国科技典籍的本体论研究正是基于这种比较视域考察的,这样有利于揭示中国科技典籍的本体实在与性质。同时,西方哲学以本体论研究为核心,依据这种哲学的本体考察中国科技典籍的本体亦有助于对后者的研究。

4.3　中国科技典籍本体研究

结合上文对本体论的认识,本节将简述中国科技典籍本体。中国古代科技不同于当代西方科技,后者发端于近代欧洲。二者的差异表现在诸多方面,其中最突出、最重要的不同就在于其本体的构成与特征。所以,有必要探究中国古代科技的本体根源性范畴及其属性,进一步研究译者是如何对其进行诠释的,从两者相同与相异之处可以为探究中国科技典籍英译的诠释方式提供依据和参考。

4.3.1　中国科技典籍本体根源性范畴

中国古代科技与近代西方科技既有相似之处,更有相异之处。西方科技坚持“主客二分”,根本方法就是通过逻辑推理和实验观察从事物运作中推演出形而上的、系统的理论,并建构相应的模型,好似科学工作者完全独立于整个事件,愈是客观,愈是正确,便愈是科学。而中国古代科技与此大异其趣,完全是另一种科技方式体系,讲究“天人合一”“整体性”“主客不分”“经验感悟”等,科学工作者是宇宙之一分子,观察事物时多探究它们与人的关系,以不违背这种关系为要。“对于中国的圣人而言,‘世界’不是一个思辨的对象,而‘知’与‘行’则是不能分离的。中国思想也不以逻辑关系来认知理论和实践。”(朱利安,2013:21)故此,他们多不是冷冰冰的观察者,而是具有人文情怀和人文关怀的“人”,其研究也呈现出人文性与哲学性,研究方式多以观察和直观感悟为主,中国古代科技的农学、天文学、医药学等诸科技莫不如是。

具体而言,中国古代科技思想不同于西方的逻辑分析方式,主要因为,“中国传统科学思想体系以道、气和阴阳五行学说为主旋律,它不仅表示与世界其他文明中心明显区别的若干特点，而且还表示它具有可以不断向前发展的内在力量，即不断提出尚待解决的问题，并且能够找到解决这些问题的途径和方法，从而得到长期的持续不断的发展”（董英哲，1990：前言4）。

在中国古代哲学中，关于世界本原问题具有一个基本的模式。刘景山（1994：107）称其为“一体二元”，所谓“一体”，是指统一的世界本体；所谓“二元”，是指在统一的世界本体中，包含着相反相成的两个方面、两个要素、两个单元。在中国古代哲学中，往往用太极、道、易、太一、玄、元、自然等来指称世界的本体。

中国古代科技本体根源性范畴主要由道、气、阴阳、五行构成。胡化凯（2013：1）认为，中国古代科技主要用道、气、阴阳、五行等概念描述和解释各种科技现象和规律，它们是中国古代科技的核心概念，从很大程度上影响中国古代科技文本的书写，也是中国古代科技框架的主要构成部分。例如，古人用“道”表示宇宙万物的本原及其运动规律，用“气”表示宇宙万物的基本组成及其相互联系的中介，用“阴阳”表示事物的基本属性及辩证关系，用“五行”说明事物的相互作用及发展变化，将这四者结合起来，即可在思辨的层次上解释各种自然现象，满足古人的认识需要。以《黄帝内经》为例，该书“以‘气’为基石、以‘阴阳’为核心、以‘五行’为系统，建立了一个关于从天地万物到人体的理论模型，同时又有一套关于病因、病理、辨证、治疗的完整理论”（董英哲，1990：352）。后世多以此为基础发展中国古代医药事业，如孙思邈、李时珍均受此影响颇深。“在《淮南子》中，作者还运用阴阳、五行学说来解释和认识天文、星象、动植物等自然现象”（陈广忠，2000：55）。

下面将从道、气、阴阳、五行等方面论述中国古代科技的本体根源性范畴。

4.3.1.1　道

道是中国思想的核心范畴，更是中国古代科技的核心概念之一。《说文解字》释之为“道，所行道也”“一达谓之道”。一方面，道是人们的行为、行动。另一方面，行动之后便有了行为举止的规则。故此，道被诸多中国古代科技思想家用来解释自然现象。

道是许多中国科技典籍的核心范畴之一。如《淮南子》一书就将道作为其本体。王巧慧认为，"'道'是《淮南子》一书的主线，全书自始至终都贯穿和渗透着'道'的思想，体现着'道'的功能和作用，同时这也是《淮南子》自然哲学思想的理论基础"(2009:19)。不仅如此，"道"也是该书中科技思想的理论基础和主要概念范畴。《淮南子》的开篇《原道训》表明了道无处不在，事物可以向反方向转化，万物借助于道而存在。任继愈(1985:253-255)根据《淮南子》有关道的论述，将道的属性归纳为四种：其一，道无处不在，"夫道者，覆天载地，廓四方，析八极，高不可际，深不可测，包裹天地……施之无穷而无所朝夕，舒之幎于六合，卷之不盈于一握"。其次，道是事物运动变化的源泉和依据，"山以之高，渊以之深，兽以之走，鸟以之飞，日月以之明，星历以之行，麟以之游，凤以之翔"(《淮南子·原道训》)。自然万物依赖道而正常运行。第三，道是宇宙的原初状态，它自然化生天地万物，"夫太上之道，生万物而不有，成化象而弗宰"(《淮南子·原道训》)。第四，道无形象而又实有，"夫无形者，物之大祖也……所谓无形者，一之谓也。……无形而有形生焉，无声而五音鸣焉，无味而五味形焉，无色而五色成焉"(同上)。

《黄帝内经》的主要本体概念之一也是道。如《素问》之"天元纪大论"有云："夫五运阴阳者，天地之道也，万物之纲纪，变化之父母，生杀之本始，神明之府也。"即天地之间万物变化发展的规律都是道。在《黄帝内经》中，道也指治病之道。如"针石，道也""用之有纪，针道乃具，万世不殆""治病之道，气内为宝"。

道也成为《梦溪笔谈》阐述科技理念的主要概念。如在论述古代乐律时，沈括指出："应钟、黄钟，宫之变徵。文、武之出，不用二变声，所以在均外。鬼神之情，当以类求之。朱弦越席，太羹明酒，所以交于冥莫者，异乎养道，此所以变其律也。"(《梦溪笔谈》之"卷五乐律一")

4.3.1.2 气

气是中国传统文化和哲学的重要概念，更是中国古代科技的主要范畴。它不可以被具化为某一种物质或形体，而是具有多种形体、多种属性，既可以表示空气、蒸汽，也能表达构成万物的成分。据席泽宗(2003)，较早论述气的中国典籍作品当属《国语·周语》，“夫天地之气，不失其序。若过其序，民乱之也。阳伏而不能出，阴迫而不能蒸，于是有地震”。《道德经》也云：“万物负阴而抱阳，充气以为和。”它们都是说，宇宙间的气有其秩序，有时受阴阳的作用会失去平衡。《管子·内业》则直接将气视为万物的本根，“凡物之精，比则为生。下生五谷，上列为星；流于天地之间，谓之鬼神；藏于胸中，谓之圣人；是故名气”。

胡化凯(2013:21-22)在总结先秦文献的基础上，把气归为三类：一是自然界某种物质存在的形式或现象，如“天气”“地气”“阴气”“阳气”“水气”“火气”等；二是人的表情或行为所显示的某种精神状态，如“勇气”“恶气”“杀气”等；三是人体的生理功能和抵御疾病的能力，如“血气”“营气”“卫气”等。

根据李申(2002:561-564)，气具有以下特征：(1) 气是可感的客观实在；(2) 气是物与物相互作用的中介；(3) 有形的物是气的凝结；(4) 每种物都伴随着自己特殊的气；(5) 对气的概括；(6) 感觉归于气；(7) 气的运动决定一切。

气对中国古代科技影响深远。在中国古代科技的发展中，“气”演变成为自然哲学和许多科学的基本范畴(赵博，2007:70)。例如，气成为《淮南子》的核心内容，“气”字在该书中出现了200多次，在该书中，气被用来描述天地生成，解释季节，解释天地、日月星、四时，解释地震现象等。

(1) 描述天地生成。“天地未形，冯冯翼翼，洞洞灟灟，故曰太昭。道始于虚廓，虚廓生宇宙，宇宙生气，气有涯垠。清阳者薄靡而为天，重浊者凝滞而为地。清妙之合专易，重浊者之凝结难。故天先成而后地定。天地之袭精为阴阳，阴阳之专精为四时，四时之散精为万物。”有了宇宙之后，元气生成，元气分为清阳之气和重浊之气，前者成为天，后者成为地。

天地结合，是为阴阳，遂有万物。

(2) 解释季节。对昼夜长短和寒暑变化的解释，“阴阳气均，日夜平分”(《淮南子·天文训》)。

(3) 解释天地、日月星、四时、万物。“《淮南子·天文训》的作者以气为线索，对天地、日月星、四时、万物描写出了一个演化过程，并对气的来源作了追述。”(席泽宗，2003：128)

(4) 解释地震现象。“甲子干丙子，地动。甲子气燥浊，丙子气燥阳。”(《淮南子·天文训》)这是说，地震是由大气运动引起的，即燥浊之气胜过燥阳之气时就会发生地震。

气亦是《黄帝内经》的核心概念之一。它结合气的运行与变化，解释“人体的生理、病理，以及对疾病的诊断、治疗和养生等，形成了以气概念为核心的理论体系”(邢玉瑞，2005：84)。据统计，该书中几乎每篇都提及“气”，共出现了 3 005 次。邢玉瑞将《黄帝内经》中的气归纳为四类：(1) 宇宙本原之气，即气是构成宇宙万物的本原性物质，也是构成人类形体与化生精神的物质元素，包括天地阴阳之气。如“天地合气，六节分而万物化生矣”(《素问·至真要大论》)。(2) 四时自然之气，一谓四时之气，如春气、夏气、秋气、冬气等，一谓自然之气，如天气、地气、大气、雨气、雷气、谷气等。(3) 人体之气，是关于人体之气的生成、分类、运行、功能及病理变化等。人体之气由先、后天之精化生，并与肺吸入的自然界清气融合而成，属正气，可以抵御外污之气，如“正气存内，邪不可干”(《素问·评热病论》)。(4) 药食之气，又称为谷气或水谷之气，如“形气衰少，谷气不盛”(《素问·调经论》)。《黄帝内经》所谓“六经六气”和“五运六气”充分利用了气的概念与原理解释中医药的现象和病症。如“太虚寥廓，肇基化元，万物资始，五运终天，布气真灵，揔统坤元，九星悬朗，七曜周旋。曰阴曰阳，曰柔曰刚，幽显既位，寒暑驰张，生生化化，品物咸章”。宇宙起源于元气的变化，元气使得日月星辰运转和万物生长，并统摄四季更迭。

沈括对“五运六气”也有论述，“医家有五运六气之术，大则候天地之变，寒暑风雨水旱冥蝗，率皆有法；小则人之众疾，亦随气运盛衰。今人不知所用，而胶于定法，故其术皆不验”(《梦溪笔谈》卷七)。沈括认为，可以借用“五运六气”预测疾病、寒暑风雨、蝗虫灾害等。沈括还不止一次用“气”解释气象。“大凡物理有常有变,运气所主者,常也。异夫所主者,皆变也。常则如本气,变则无所不至。”(《梦溪笔谈》卷七)

4.3.1.3 阴阳

阴阳是中国古代科技的主要概念之一,其最初意义为“向日为阳,背日为阴”。《道德经》有“万物负阴而抱阳”,《周易·系辞上》曰“一阴一阳谓之道”。阴阳更是《黄帝内经》医理的核心理念,如“孤阳不生,独阴不长”“阴阳者,天地之道也,万物之纲纪,变化之父母”“生杀之本始,神明之府也”,等等。阴阳主要包括以下内容,“阴阳对立、阴阳交感、阴阳相推”(胡骄平、刘伟,2012:15)。阴阳,多用来表示事物对立的两个方面,以及它们可以向对方转化的性质。因此,中国古代科技工作者常用以解释事物发展变化的规律。

在对阴阳概念总结的基础上,胡化凯(2013:40)发现,阴阳是一对内涵十分丰富的概念,被用以解释自然、社会、疾病、灾异等各种现象。李约瑟(1990:302-303)也认为,阴阳是中国古代科技的核心概念,“中国人的科学或原始科学的思想包含着宇宙间的两种基本原理或力量,即阴和阳(这是人类自身两性经验中阴性和阳性的反映)”。并且,“阴阳范畴既是对宇宙整体对立互补结构的表征,同时又是对宇宙整体自身功能的表述。阴阳作用于整体内部的过程不同于外力的推动,而是表现为整体自身的调节功能。阴阳作为整体内部的对立双方,它们之间相互对立,又相互作用,从而推动着整体变化”(高晨阳,2012:75)。

阴阳作为解释古代科技现象、进行科学研究和技术发明的核心范畴之一,在诸多科技典籍中都有论及,其与科学的关系可以概括为以下几个方面:

首先,阴阳作为事物分类的依据。比如对人体进行的分类,《黄帝内经·素问》之“金匮真言论”说:“夫言人之阴阳,则外为阳,内为阴。言人身之阴阳,则背为阳,腹为阴。言人身之脏腑中阴阳,则脏者为阴,腑者为阳。肝、心、脾、肺、肾五脏皆为阴,胆、胃、大肠、小肠、膀胱、三焦六腑皆为阳。”此处,以阴阳为类,将人体的主要器官归入不同的类,或阴或阳,为治疗做好准备。

其次，阴阳用来解释事物变化。阴阳在《淮南子》一书中"被广泛地用来阐明事物变化的原因，集中体现在《天文训》之中"（陈广忠，2000：57）。一方面，"阴阳的对立和统一，是宇宙万事万物产生的根源"，如"有始者，天气始下，地气始上，阴阳错合，相与优悠竞畅于宇宙之间"，是说由于阴阳的相互作用产生了世间万物。还说，"天地以设，分而为阴阳。阳生于阴，阴生于阳。阴阳交错，四维乃通。或死或生，万物乃成"，这里还是借用阴阳说明四季与万物的生成规律。另外，"在自然现象的形成和变化中，阴、阳也起了重要的作用"（同上）。如《天文训》有云："日者，阳之主也。月者，阴之宗也。……阴阳相薄，感而为雷。阳气盛，则散而为雨露；阴气胜，则凝而为霜雪。"阴和阳分别指代月亮和太阳，二者的运动变化以及相互关系影响了自然现象，如雷电、雨露和霜雪。

另外，阴阳也是事物生成与变化的原因。"在《内经》中，阴阳是对立的统一，而阴阳的对立统一既是天地万物变化的普遍规律，又是人体结构和生命活动的根本法则。所以，它用阴阳的对立统一来分析病理和指导医疗实践。"（董英哲，1990：118）"所谓阴阳者，去者为阴，至者为阳；静者为阴，动者为阳；迟者为阴，数者为阳。"（《黄帝内经·素问》"阴阳别论篇第七"）由此可以看出，阴阳是对立的。《内经》在解释疟疾时说，"阴阳上下争，虚实更作，阴阳相移也"（《黄帝内经·素问》"疟论篇第三十五"）。此外，《淮南子·天文训》曰："天地之袭精为阴阳，阴阳之专精为四时，四时之散精为万物。积阳之热气生火，火气之精者为日；积阴之寒气为水，水气之精者为月。"阴阳与气结合，不断衍生，遂出四时、万物、日月、水火。《梦溪笔谈》也云："阴阳合德，化生万物。"又曰："六十甲子有纳音，鲜原其意。盖六十律旋相为宫法也。一律含五音，十二律纳六十音也。凡气始于东方而右行，音起于西方而左行；阴阳相错而生变化。"此乃解释阴阳相交，而使诸音变化。墨子也谈及阴阳之变与四时之变的关系，"凡回于天地之间，包于四海之内，天壤之情，阴阳之和，莫不有也。虽至圣不能更也，何以知其然？圣人有传，天地也，则曰上下，四时也，则曰阴阳"（《墨子》卷一）。

中国古代科技思想认为，万物变化皆始于阴阳之间的相互转化。二者之间可以相互作用、相互转化。胡化凯(2013:45-48)将这种关系分为五类，即阴阳互根、阴阳互制、阴阳交感、阴阳消长、阴阳转化。阴阳互根即双方彼此依赖，不可脱离对方而存在。阴阳构成《黄帝内经》一书的理论基础，也即中医特别重视的“阴阳平衡”。

4.3.1.4 五行

五行同样是影响中国古代科技发展的核心概念。有关五行最早的具体表述出现于《尚书》，“五行：一曰水，二曰火，三曰木，四曰金，五曰土。水曰润下，火曰炎上，木曰曲直，金曰从革，土爰稼穑。润下作咸，炎上作苦，曲直作酸，从革作辛，稼穑作甘”。该段话说明了五行的构成、五行各自的性质以及它们的功用。

五行观念把宇宙间各种事物视为一个整体，以木、火、土、金、水为主要物质，以生克循环的体系为其模式，解释一切事物的变化规律。五行理念直接或间接对中国古代科技的发生发展产生重大作用。“五行学说的合理因素对我国古代天文、历数、医学等有重大影响。”(薄树人、李家明，2000:108)五行思想源于生活实践，又高于生活实践，最后变成人们解释自然现象的工具。

周济(2010:174-175)对“五行生克”理论的内涵有过专门论述，指出五行之间遵从生克制化的规律。在正常情况下，五行是相互资生，相互制约的。相互资生是指木生火，火生土，土生金，金生水，水生木。相互制约是指木克土，土克水，水克火，火克金，金克木。相生关系中的每一“行”都有“生我”和“我生”两方面……相克关系中，每一‘克’都有‘克我’和‘我克’两方面。……在生克关系中，“生”表示事物的发生和成长，“克”表示事物对立面的互相制约。生和克反映了事物间互相联系、互相制约、互相转化的关系。《淮南子·地形训》即有相关论述：“木胜土，土胜水，水胜火，火胜金，金胜木。”

这也说明为什么五行被直接应用于中国古代科技。五行说被中国古代医学家应用于医学领域，成为解释中医药之防病、治病的主要内容之一。《黄帝内经》对人的内部结构之间的联系就是用五行的相生相克理论进行解释，认为人体各种组织器官与自然界中的万物是一个相互作用的整体。具体而言，人体各种组织按照五行原理进行分类。

沈括在《梦溪笔谈》（二十五卷，第6条）也对五行理念有所论及，“按黄帝素问，有天五行，地五行。土之气在天为湿。土能生金、石，湿亦能生金、石。此其验也。又石穴中，水滴皆为钟乳殷孳。春秋分时，汲井泉则结石花。大卤之下则生阴精石，皆湿之所化也。如木之气在天为风。木能生火，风亦能生火，盖五行之性也”。

4.3.2　中国科技典籍本体属性

如上文所言，中国古代科技本体根源性范畴不同于当代西方科技，这就决定了其本体属性同样异于西方科技。另外，这种差异亦受制于文化样式、思维方式等。就中西文化差异而言，“表现之一是在人与自然的关系问题上。中国文化比较重视人与自然的和谐，而西方文化则强调征服自然、战胜自然”（张岱年、程宜山，2015：40）。同时，中西文化差异也与生产方式有关。林德宏在为《中医文化溯源》所作的序中，把中西医文化的差异归结为农业劳动方式和工业劳动方式的差异，农业劳动方式的种子与成果是有机体，要获得丰收，须依赖优渥的自然环境条件，并且，其成果无法用机械的方式再行分割。因此，“农业文化本质上是有机性的文化，把自然界看作一个有机整体、一个变化过程，强调人与自然的和谐”（薛公忱，1993：序）。而工业生产方式本质上是机械化的，机器具有可分性。所以古代中医注重从整体上防治人的疾病，强调人与自然环境的协调发展；而近代西医则“把人看作是一台可以机械分割的机器；注重分析、化验的方法把握人的健康和疾病；它尽量用物理学、化学的知识来解释人体的运动”（同上）。

此外，就思维方式而言，中国思维方式重综合，西方重分析。西方科技以实证主义与理性主义为特质，而中国古代科技多受其自身哲学的浸染，形成了自己独特的风格，主要表现为重视整体性和直觉感悟性和经验性，轻视实证分析和理论建构。另外，中国古代科技十分强调人文关怀，这有利于克服当代科技发展中面临的许多问题（马佰莲，2004：44）。

结合上文有关“本体”的阐述以及中国科技典籍的实际情形，下文主要从哲学性、人文性、直接经验性等角度论述中国科技典籍本体论的属性。

4.3.2.1 中国科技典籍的哲学性

在中国古代，哲学与科学之间存在很密切的关系。准确地说，哲学人文思想和方法对科学技术有很大的影响，许多科学方法都是直接应用哲学的方法。例如，道家的“天道自然”被医学、农业和畜牧业等领域广泛应用，阴阳五行直接成为中医的基本理论（林振武，2009：自序 iii）。研究中国传统思想的汉学家兼哲学家安乐哲认为，中国传统思想的核心是哲学，这势必会影响中国古代科技思想（参见胡治洪、丁四新，2006：117）。中国古代的科技思想亦是如此，其原因正如张岱年（1985：58）所言，中国古代的自然哲学表现了宇宙生成论与宇宙本体论的统一，例如，中国古代医学就深受中国古代哲学的影响。“由于中国医学与中国哲学关系太密切，受哲学的影响太大，甚至不能从哲学中分化出来。”（蒙培元，1993：196）一方面，中国古代医学讲求“辨证施治”；另一方面，中国古代医学秉承“整体观念”。

前文论述的关于中国古代科技的本体根源性范畴本身就是中国古代哲学的主要概念，所以也表明，中国古代科技从本体上就具有哲学性。

4.3.2.2 中国科技典籍的人文性

一方面，中国古代科技如同中国古代哲学，始终秉持“天人合一”的观点，科技人员的思想和实践大都体现了这一理念，“天、地、人”是一个整体，并寻求人与自然的和谐发展与相处。另一方面，中国古代科技虽有科学方法的一面，但林振武（2009：49）认为，“这种独特的科学方法没有独立出来”。

我们以中医和中国农学为例。就中医而言，它是一种自然科学，在本质上，医学是研究人类生命过程以及同疾病作斗争的一门科学体系，“但在这一过程中，医学又包含大量的人文精神和社会因素"（林巍，2009：64）。如前文所述，中国古代的医学坚持认为，要想身体健康，须做到人体与自然环境的协调、和谐相处，维系一种平衡。另外，中国农学也深受哲学的影响，马佰莲（2004：44）认为，"中国古代的农学理论把天地人三者看成是彼此联系的有机整体，提出农业耕种要顺天时，量地利，致人和，做到了这些就可以用力少而成功多"。

4.3.2.3　中国科技典籍的经验性/直觉性

首先，中国科技典籍的经验性/直觉性由中国古代社会经济性质与样式决定。"由于在延续2000多年的中国封建社会中，自给自足的小农经济一直是社会生产的基础与主体，它对科学技术能提供的经验往往是片断而零星的，不可能有其系统性，这样，在这个基础上进行的科学抽象当然多数也就只能是经验性的。"（袁运开，2002：25）其次，中国古代科技的经验性受制于中国古代哲学思维方式。"中国传统科技具有重直觉了悟轻实证分析的非理性主义特征。"（马佰莲，2004：45）

尤其需要指出的是，虽然中国古代科技有些领域已经超越简单的经验直观感悟，上升到理论程度，如中医药较为系统的防治策略、墨家的力学知识等，但是就中国古代科技的整体而言，从很大程度上来看，仍然停留在定性描述为主的经验科学阶段。

4.4　中国科技典籍本体英译诠释

上文从根源性范畴和本体特征两个角度对中国科技典籍本体进行了分析。分析发现，中国古代科技的本体性范畴主要包括道、气、阴阳、五行[1]

---

① 李约瑟也将阴阳、五行视为中国古代科技的基本概念（2006：257－344）。薛凤（Dagmar Schäfer）在描述中国古代科技时指出，"那个世界里的人们从'理''气''阴阳'或者'五行'这些概念入手，来理解那些会被我们认为属于'科学'和'技术'范畴之内的事物"（2015：导言3）。

等，它们对于阐释中国古代科技起着十分重要的作用。另外，中国古代科技具有哲学性、人文性和经验性。本文将结合一些中国科技典籍英译实例分析译者是如何从以上两个方面诠释的。

4.4.1 中国科技典籍本体根源性范畴英译诠释

4.4.1.1 中国科技典籍之“气”的英译诠释

如前所述，“气”既是中国科技典籍的核心本体根源性范畴之一，也是中国古代科技不同于西方科技的主要内涵。“气”在诸多中国科技典籍中都有论述，主要用来阐述中国古代科技的发生与发展。比如，《黄帝内经》在解释自然和人体的生理与病理现象时，经常使用“气”与“精气”这两个概念，它们并非固体，也非液体，而是一种流动、细微的物质（任秀玲，2008:54）。

本节首先探究译者在其译文中如何诠释“气”，然后再考察与“气”相关的术语的英译诠释。

（1）“气”的英译诠释

例 1 天地未形，冯冯翼翼，洞洞灟灟，故曰太昭。道始生虚廓，虚廓生宇宙，宇宙生气。气有涯垠，清阳者薄靡而为天，重浊者凝滞而为地。……天地之袭精为阴阳，阴阳之专精为四时，四时之散精为万物。积阳之热气生火，火气之精者为日；积阴之寒气为水，水气之精者为月。（《淮南子》之“天文训”）

梅杰等译：When Heaven and Earth were yet unformed, all was, ascending and flying, diving and delving.

Thus it was called the Grand Inception.

The Grand Inception produced the Nebulous Void.

The Nebulous Void produced space-time;

space-time produced the original *qi*.

A boundary [divided] the original *qi*.

That which was pure and bright spread out to form Heaven;

that which was heavy and turbid congealed to form Earth.

It is easy for that which is pure and subtle to converge.

The conjoined essences of Heaven and Earth produced yin and yang.

The suppressive essences of yin and yang caused the four seasons.

The scattered essences of the four seasons created the myriad things.

The hot *qi* of accumulated yang produced the fire; the essence of fiery *qi* became the sun.

The cold *qi* of accumulated yin produced water; the essence of watery *qi* became the moon. (2010: 114 - 115)

翟、牟译: Before Heaven and Earth take shape, it is in a state of Chaos, so it is addressed as Da Zhao. Tao derives from Xu Kuo (referring to the state of not-being), Xu Kuo produces the universe, and the universe generates Qi. Qi is of some quality and shape. The clear and light part forms Heaven, and the turbid and heavy part forms Earth .... The inherited spirit of Heaven and Earth turns into Yin and Yang; the pure spirit of Yin and Yang forms the Four Seasons; and the scattered spirit of the Four Seasons becomes the myriad things. The hot vitality of Yang accumulates, and as a result, generates fire, and the purest spirit of fire is the Sun; the cold vitality of Yin accumulates, and as a result, generates water, and the purest spirit of water is the Moon. (2010: 127)

《天文训》是国内最早关于天体的论说,比较系统地阐述了天体的起源和演化,"秦以前的诸子,他们在谈到自然界的时候,偶尔也涉及这个问题,但都没有完整的概念。说得比较清楚而又较为系统的,《淮南子·天文训》是第一次”(席泽宗,1962:35)。作者说,宇宙诞生之初的根本物质“气”形成天和地,并由此产生阴阳、四时、万物、火、太阳、水、月亮等。由此可知,“气”是各种物质(包括天体)的本源。

在翻译文中前一部分的“气”时,两译本译者都将其翻译为 *qi*,不过,在翻译后半部分的“气”时出现了差异。梅杰等一以贯之,依然将其翻译为 *qi*,而翟江月、牟爱鹏则译为 vitality。对“气”之特征的阐释:就梅杰等译而言,译文中增添了 original 一词,在译者看来,“气”具有源发性,是宇宙之最原初实体。另外,轻且阳者构成“天”,重且凝者形成“地”。最后,气与阴阳相互作用,在不同气温的作用下,产生了水、火、太阳和月亮。该译文对于“气”的诠释较符合原文之意。梅杰等指出了 *qi* 是什么,并解释了它与“天”“地”“火”“水”“日”“月”之间的关系。这种 *qi* 是一种恒一体,考虑到当下语境,该词在英语中已成为一个专有名词,这种诠释能为英语读者理解和接受。

翟、牟译认为,“气”产生于宇宙(该宇宙即为 universe,不同于梅杰等译,即 time 与 space),其译文用了三个英文单词来诠释“气”,一为 Qi,二为 vitality,三为 spirit。译者用 vitality 和 spirit 来解释 Qi,也可以说,Qi 由 vitality 和 spirit 构成,译者将“气”具化为两种具体物质,“具有生命、活力之物/特征”以及“活力/精力”。

例 2 帝曰:“余知百病生于气也。怒则气上,喜则气缓,悲则气消,恐则气下,寒则气收,炅则气泄,劳则气耗,思则气结,九气不同,何病之生?”(《黄帝内经·素问》之“举痛论”)。

李照国译:Huangdi said, “I have understood that all diseases are caused by [the disorder] of Qi. [For example,] [excessive] anger drives Qi to flow upwards; [excessive joy] slackens Qi; [excessive sorrow] exhausts Qi; [excessive fear] makes Qi sinks; [excessive] cold stagnates Qi; [excessive] heat leaks Qi; [excessive] fright disorders Qi; overstrain consumes Qi; [excessive] contemplation binds Qi. These nine kinds of [abnormal changes of] Qi are different. What diseases do they lead to respectively?"(2005: 481)

文树德译: I know that the hundred diseases[45]① are generated by the qi.

When one is angry, then the qi rises.

When one is joyous, then the qi relaxes.

When one is sad, then the qi dissipates.

When one is in fear, then the qi moves down.

In case of cold the qi collects;

in case of heat, the qi flows out.

When one is frightened,

then the qi is in disorder.

When one is exhausted, then the qi is wasted.

When one is pensive, then the qi lumps together.

These nine qi are not identical.

Which diseases generate [these states]?"(2003: 594)

原文认为,"气"乃百病之源,人的不同情绪的变化会产生"气"的不同状态,换言之,"气"的运动变化与人体内部、外部不同状态结合,遂产生了人的心情状态。黄帝向歧伯请教关于"气"的各种疾病的关系,这九种不同的"气"将会导致什么疾病。

李照国译采用汉语拼音译法,将所有"气"均译为 Qi,为了读者理解顺畅之故,译者添加了自己的诠释:(1)"余知百病生于气也",原文中的"气"没有单纯译为 Qi,而是 the disorder of Qi,译者认为,百病的生发并非源自"气"本身,而是"气的紊乱",译者显然认为,若"气"运行通畅,不可能会生病。(2) 为了使译文畅达可读,译者在译文中增加了旨在使读者易于理解的逻辑词汇 for example,以迎合逻辑性更强的英语语言。(3) 译者翻译时在每一情绪(如怒、喜、悲等)之前都加上了 excessive("过

① 此处为文译本中的脚注,下同。

度的”)，意为过度的某种情绪会导致“气”发生以上提及的九种不同状态，而情绪的微小波动则不会产生此种结果。

在此译例中，译者采用了“自证式的诠释方式”。自证，亦称本证，是中国传统的诠释方式之一，以确保文本的主题一致(孔子称其为“一贯”)为旨归，本研究称这种诠释方式为“自证式诠释”(self-verification hermeneutic approach)。郑吉雄(Chi-hsiung Cheng)(2005：195)认为，这种诠释方式是“通过同一文本内部词汇、短语、句子或者段落之间的相互解释或印证”来实现主题的一致性。在翻译过程中，译者会采取这种方式翻译，以确保同一概念或观点在同一文本内部所指一致。例如，文树德在译文中加了三个注释，注46专门诠释“气”，“46 See 494/53 for a detailed discussion of the meaning of qi in this statement”(Unschuld, 2003: 594)。其中，译文第454页继续对“气”进行文内诠释：31 2744/419: “Obviously, ‘true qi’ is a general term used to designate the qi in the body.”For a detailed discussion of the meaning of ‘true qi’ in the Nei jing, see also 83/6.”文氏在翻译中经常采用这种文内前后诠释的方式，使一种概念或观点相互解释参证，目的在于全面阐释其意义。

此外，译者的诠释具有读者化倾向。译者既是原文的读者和诠释者，更是译文的创造者和译文文本的第一位读者，在译文产生的整个过程中，译者心中或面前始终都有一位读者，换言之，他/她本人就是一位读者和诠释者，其译文词汇、句式、语篇等的选择都要受这位“读者”的影响。译文读者能否理解译文和接受译文是译者考虑的最主要因素之一，甚至决定译文的各个方面。张广奎(2008：93)称之为“翻译诠释的读者化”，即“翻译诠释过程中，读者的自然操纵和译文的读者化倾向”。这种倾向既有其必然性，又有其必要性。因为作为诠释者和读者的译者“在经历了视野融合后也成了效果历史和文本新生命的载体”(同上)。另一方面，“从客观上讲，普通读者群却决定着翻译诠释活动后译文的地位。这也就从客观上要求译者应当考虑普通读者(或者也可以说是标准读者)的实际要求”(同上：94)。这种翻译诠释读者化倾向在李照国译和文译中都有所体现。如前文所述，李译增加了 for example，旨在使译文读者更易理解。

同样，文译也添加了具有逻辑关系的连接副词，主要采用了"When ... then ..."这一结构，突出强调了条件与结果之间的直接关联，增强了译文的可读性。

(2) 与"气"有关的术语英译诠释

在中国科技典籍中存有大量与"气"相关的术语，它们来自"气"，衍化为更多、更具体的概念，构成中国科技典籍的主要概念。这些术语主要包括热气、寒气、地气、天气、火气、水气、雷气、雨气、血气、肝气、心气、肾气、脾气、胃气、骨气、精气、邪气、春气、夏气、秋气、冬气、真气、元气、人气、脉气、芳草之气、宗气、营气、卫气、清气、浊气、筋膜之气等。李心机(1995：21)将此类术语的命名方式归纳为四类，即"它的命名或以源命之，如谷气、水气、真气、天气等等；或以性命之，如清气、浊气、精气、悍气、正气、邪气、阴气等；或以用命之，如营气、卫气；或以处命之，如脏气、腑气、经气、络气以及心气、肝气、胞气、骨气、脉气等"。

例 3　寒气生浊，热气生清。清气在下，则生飧泄；浊气在上，则生䐜胀。……地气上为云，天气下为雨；雨出地气，云出天气。(《黄帝内经・素问》之"阴阳应象大论")

李照国译：Hanqi (Cold-Qi) generates turbid [Yin] and Reqi (Heat-Qi) produces lucid [Yang]. [If] Qingqi (Lucid-Qi) descends, it will cause Sunxie (diarrhea with undigested food in it). [If] Zhuoqi (Turbid-Qi) ascends, it will cause abdominal flatulence [or distension].... Diqi (Earth-Qi) rises to become clouds and Tianqi (Heaven-Qi) descends to produce rain. Rain results from Diqi while clouds originates from Tianqi. (2005: 57 - 59)

文树德译：Cold qi generates turbidity;
heat qi generates clarity.
When clear qi is in the lower [regions of the body],
then this generates outflow of [undigested] food.
When turbid qi is in the upper [regions],

then this generates bloating.
The qi of the earth rises and turns into clouds;
the qi of heaven descends and becomes rain.
Rain originates from the qi of the earth;
clouds orientate from the qi of heaven. (2011: 96 - 97)

此段引文论述了寒气、热气与疾病的关系，以及地气和天气对自然变化的影响。具体而言，寒气与热气分别产生清气和浊气，后两者的运动变化又可导致腹泻与胃胀等疾病。同时，地气变化产生云，天气变化可降雨。该部分出现了多种与“气”有关的中国古代科技术语：寒气、热气、清气、浊气、地气和天气。李照国采取了“汉语拼音＋事物特征＋气”的译法，如寒气译为 Hanqi (Cold-Qi)、热气 Reqi (Heat-Qi)、清气 Qingqi (Lucid-Qi)、浊气 Zhuoqi (Turbid-Qi)、地气 Diqi (Earth-Qi)、天气 Tianqi (Heaven-Qi)等。

文树德的诠释方式相对灵活多样一些，以上术语分别被译为 cold qi, heat qi, clear qi, turbid qi, qi of the earth, qi of heaven。虽如此，两者的诠释基本上是一致的，即都是概念特征＋气，揭示了术语的本质属性。不同的是，李照国译均标有汉语拼音，意在表明这种科技概念的中国属性，即他一贯主张的“中医之中国属性”，很明显地体现了译者诠释的主体性。

例 4 岁运有主气，有客气。常者为主，外至者为客。初之气厥阴，以至终之气太阳者。四时之常叙也，故谓之主气。……又有“相火之下，水气承之”“土位之下，风气承之”(《梦溪笔谈》之“象数一”)

王、赵译：According to the theory of five elements and six essences, there are host and guest essences in a year. The dominant ones are host essences while the subordinate ones are guest essence. From the first essence called "*jueyin fengmu*" to the last one called "*taiyang* *hanshui*," there are six host essences in a year which represent the regular order of the change of the four seasons. ... Some other people believe that the statements such as "Under the position represented by fire is the essence of water" and "Under the position represented by earth is the essence of wind." (2008: 227)

《梦溪笔谈》中亦有多处与"气"有关的古代科技术语，比如此处沈括阐述一年中不同的气，并将之分为主气与客气，前者在一年中经常起作用，其余则统称为客气。王宏、赵峥的译文中，主气、客气分别被译为 host essence 和 guest essence，水气和风气的译文分别是 the essence of water 和 the essence of wind。这些术语都与"气"有关，统一被译为 essence。

以上译例表明，译者在诠释"气"这一中国科技典籍本体根源性范畴概念时，多将其译为 Qi(qi)，采取了不译而译的直接诠释法。文树德称这种译法为"拼音音译法"(*pinyin* transliteration)。音译属于玄奘所提"五不翻"之"此无故"，即译入语中不存在与其对应的专有概念，这时可以借助音译法。以"不译之译"解决此类问题，最初时可以通过注释，明确此概念的具体内涵，通过文中多次对同一概念的前后引证、注解，译文读者就会对这一概念有更深刻的了解和认识。此类译文在目的语文化中长期使用后，就会逐渐成为该语言中的专有名词，Qi(qi)即是一例。相比较而言，"当'气'最初被介绍到西方时，人们主要是基于气对宇宙万物以及人体生命活动的维持和推动作用而将其意译为 vital energy"(任荣政、丁年青，2014:874)。vital energy 回译后，其义为"重要的能量/能源"，内涵十分模糊，因为重要的能量/能源不止一种，无法具体指涉中国古代科技的核心概念之一——"气"的内涵。

"气"在李约瑟的《中国科学技术史》中出现多次，成为阐释中国古代科技最重要的概念之一。在撰写该书时，他必须要面对以下棘手问题——如何用英语表达中国古代科技的"气"？中国古代科技经常使用"气"，不仅如此，事实上，中国古代的大部分学说，甚至绝大多数思想都直接或间接地与此概念密不可分。他认为这个概念最好不要翻译成希腊的“普纽玛”，主要因为这两个概念差别很大，在英语中几乎找不到一个单词与其对应。它既可以是气体，也可以是蒸汽，但它那影响在现代人的头脑中就像是“以太波”或“放射性射气”一样微妙。西方汉学家一般都同意朱熹所使用的新含义是最好的译法，应该就是“物质”(matter)，但必须记得，朱熹还有另一个术语“质”，指的是固体、坚硬和可感知状态的物质(李约瑟，1990:504)。

4.4.1.2 中国科技典籍之“道”的英译诠释

道家思想对中国古代科技的诸多层面产生了极为深远的影响，其最核心的概念“道”自然也成为中国古代科技的主要内容之一，也是中国古代科学家解释自然现象和规律的重要概念之一。如前文所述，多部中国科技典籍以“道”阐释其理。以《淮南子》与《黄帝内经》为例，这两部典籍均以“道”作为其核心概念，“就《黄帝内经》而言，‘道’字用了269次，在这269次关于‘道’的内容中，从宇宙的演化，天地万物的运行，到生命科学的每一个知识层面，几乎都运用‘道’来概括其理论原则和规律”(张登本，2012:3)。《淮南子》则以“道”(《原道训》)开篇，《原道训》可以视为道家思想的一个缩影，更是其在许多科技领域的具体运用。所以，“道”成为《淮南子》一书的核心概念也就不足为奇了。

(1) “道”的英译诠释

例5 上古之人，其知道者，法于阴阳，和于术数，食饮有节，起居有常，不妄作劳，故能形与神俱，而尽终其天年。(《黄帝内经·素问》之“上古天真论”)

李照国译:The sages in ancient times who knew the Dao (the tenets for cultivating health) followed [the rules of] Yin and Yang and adjusted Shushu (the ways to cultivate health). They were moderate in eating and drinking, regular in working and resting, avoiding any overstrain. That is why [they could maintain a desirable] harmony between the Shen (mind or spirit) and the body, enjoying good health and a long life. (2005: 3)

文树德译:The people of high antiquity,
those who knew the Way,
they modeled [their behavior] on yin and yang and
they complied with the arts and the calculation.
[Their] eating and drinking was moderate.
[Their] rising and resting had regularity. (2011: 30 - 31)

原文认为,古代熟知"道"的人就会遵循阴阳的规律,在养身、饮食、起居、劳作等诸方面都会有度、有常,顺应自然,唯有如此方能"终其天年"。

李照国译"道"的诠释策略为音译+注解,即 the Dao (the tenets for cultivating health)(意为养生信条、法则)。李照国在处理"道"的翻译时,将其译为 the Dao,再加注解,如"阴阳者,天地之道也。(Yin and Yang serve as the Dao [law] of the heavens and the earth)",其文后附有注释:Dao(道) means the principle or the law of nature(李照国,2005:57 - 81)。再如,"夫道者,年皆有数,能有子乎?"(Could those who have mastered the Dao [the art of preserving health] have children when they are over more than one hundred years old?)(李照国,2005: 9)。"中医的一些概念理论是从《周易》中吸取营养而移植演变过来的"(沈丕安,2014: 15),《黄帝内经》也不例外。而《周易》的宗旨是"推天道以明人事",即观察探究大自然运行之理,以指导、服务人类活动。中国古代科学家和技术人员在从事科技活动时也多采用这种科学方法,即通过观察天象与万事万物的运转,总结其规律,以促进人事活动。此活动中,较少有西方之系统的演绎、推理方法。

李照国在处理此类问题时,多运用"音译+注释"的诠释策略,其本质类似于贝蒂(Betti)提出的三种诠释方式之"解释性诠释"(Explicative Interpretation),即解释者担心读者或听众无法理解文本之意,会从中斡旋,以使其意义畅达明了(参见 Schökel,1998: 17 - 18)。在此,译者的主要任务是有助于读者或听众理解。文树德将“道”译为 the Way，并添加注解，其诠释来自王冰，“To know the Way is to know the Way of self cultivation”。由此可知，两位译者在处理中国古代科技概念时，都采用了解释性诠释策略，虽然有所差异，李照国采用“音译＋文内解释”，而文树德采用“归化＋文后注释”，但是都有使译文意义显化的倾向。

例 6 帝曰：“若问此者，无益于治也，工之所知，道之所生也。”(《黄帝内经·素问》之“解精微论篇第八十一”)

李照国译：Huangdi said, “What [you have] asked has nothing to do with treatment. [But] doctors have to know [because it] concerns with the principles of [medicine].” (2005: 1288 - 1289)

文树德译：[Huang] Di: When you ask such questions, this is of no benefit to treatment. The knowledge acquired by practioners is generated by the Way. (2011: 721)

李照国译本将“道”译为 the principles of [medicine](意为“医学准则”)，译文中还添加了“医学”一词，旨在阐释清楚此处的“准则”并非泛泛的一般准则，而是指医学准则。在阐释中国古代科技范畴或属性时，译者在译文内部进行互证性理解和阐释。本研究将此种诠释称为“自解性诠释”。西方诠释学与中国经学在解经时各自创立了自己的解经原则——自解原则，不过二者有差异，“西方基督教的释经学关于《圣经》的诠释有着重要的自解原则——以经解经，不同于中国解经学的是，其自解原则是在《圣经》文本的内部进行互证性的理解和解释。中国经学诠释学对‘六经’或《十三经》文本的理解与解释，在方法论上也有着重要的自解原则，这种自解原则是在‘六经’或《十三经》构成的儒家经典及经学诠释学体系内部互证完成的，其不仅仅局限于一部经典内部的自解性”(杨乃乔，2015:8)。

如前文所说，文译依然把“道”译为 the Way，并附有很长的一段注释，其诠释来自王冰等学者的观点。其中关于 the Way 的注解为，“‘The

Way' refers here to the normal physiological laws of the human body. That is, tears and snivel are produced by man's normal physiological faculties. Mori: '道 is 液道, 'pathways of liquids.' *Ling shu* 28 states: 上液之道开则泣, 'when the upper pathways of the liquids open, then weeping results.'"。在此注解中,译者解释了为何将"道"译为 the Way。在此语境下,"道"既可解释为人体生理规律,也可指人体内液体的通道,因此眼泪、鼻涕方能从中流淌。译者还援引《灵枢》第 28 章内容为其译文注解,即是文本之意前后诠释、互相映照。而英语单词 way 既含有 path、road、direction(通道)之意,亦指"规律"。这也是文树德将"道"译为 the Way 的主要原因。

同一个中国古代科技概念,两位译者有不同的译文,这充分表明,在诠释翻译古代科技概念时,应该持一种开放式的诠释态度,而不要僵化地死拘于某种教条或信条。当然,此种"开放的诠释"不是信马由缰、天马行空式的胡乱阐释,而应该是有条件的,其条件包括:(1) 诠释以原文为核心,任何翻译不可脱离原文而植"无根之木"。原文之"根"涉及原文意义、原文作者意图、原文创作时的语言、社会、历史等方面的环境。(2) 诠释以语境为参照,中国古代科技概念的译文应能够在译者所创造的语境中存活,即译文须符合译者所建构的译文语境。(3) 诠释应该有理有据,即此处的"理"与"据"应是符合常理,符合某个学科领域自身的规律。(4) 诠释须具备有效性,在前面三种条件的基础上,译者的诠释还要从语言和读者的角度进行考量。首先,其译文的语言应该言之有物、可读性强;其次,译者的诠释还须考察译入语的文化和读者的接受状况。

例 7　古之为度量轻重,生乎天道。黄钟之律修九寸,物以三生,三九二十七,故幅广二尺七寸。(《淮南子》之"天文训")

翟、牟译: In ancient times, weights and measures were stipulated according to the Tao of Heaven and Earth. The length of the pipe of Huang Zhong amounts to nine *cun*, for, the myriad things descend from "three", three times nine is twenty-seven, so the breadth of fabrics is *two chi* and seven *cun*. (2010: 181 - 183)

梅杰等译: In ancient times, weights and measures were created; lightness and heaviness were both from the Way of heaven. The length of the Yellow Bell pitch pipe is nine inches. All things are produced by [virtue of] three. [3×3=9]. 3×9=27. Thus the width of a standard bolt of cloth is two feet, seven inches[45]. This is the ancient standard. (2010: 135)

注释 45: That is, 2.7 chi 尺: one Chinese foot is equal to ten inches (*cun* 寸).

原文认为,古代度量衡的制定依据天道而为,并以黄钟为例,进一步解释其具体做法。翟、牟译本中,"天道"译为 the Tao of Heaven and Earth,即为"天地之道",这可能与中国人的思维方式有关。在深受中国思想浸润的中国译者看来,天地为一体,不可分,"天道"即为"天地之道"。而梅杰等则译为 the Way of Heaven。另外,需要指出的是,梅杰译本书末有一个附录(key Chinese terms and their translations),足有 45 页之多,内容涵盖了《淮南子》中出现的主要概念,如道、礼、德、六合、神、气、情等。该书对"道"的阐释达 300 字之多,标题为"dao 道 the Way",主要说,"道"是该书的最主要有关"终极性"的概念,故很难用语言描述其确切含义。此外,"道"无处不在。接着,该注释还讲了"道"之出处及其在该书中的一些含义。这种诠释有助于译文读者更好地理解译文,对于如此复杂的概念做整体性的把握,进而把握此概念在文中的具体含义,以及在全文中的整体意义。

例 8 揲蓍之法:四十九蓍聚之则一。而四十九隐于一中;散之则四十九,而一隐于四十九中。一者道也,谓之无则一在;谓之有则不可取。(《梦溪笔谈》之"象数一")

王、赵译: When using common yarrow as the way of divination, forty-nine pieces of common yarrow form a whole forty-nine is embodied in the whole. When they are separated in calculation, the whole is Tao. If we deny its existence, it is indeed a whole. If we recognize its existence, this whole cannot actually be taken out. (2008: 199)

译者将“道”译为 Tao,亦是采取了音译法,“道”是中国古代文化和中国科技典籍中特有的概念术语,不同于西方的 the way、the logos、the path 等。中国的“道”内涵极为丰富,这些西方的概念极难涵盖“道”所蕴含的内容。故此,采用音译法将其译为 Tao 或 Dao 是比较可取的诠释方法。

(2) 与“道”有关的术语英译诠释

例 9 大肠者,传道之官,变化出焉。小肠者,受盛之官,化物出焉。肾者,作强之官,伎巧出焉。三焦者,决渎之官,水道出焉。(《黄帝内经·素问》之“灵兰秘典论篇”)

李照国译: The large intestine is the organ [similar to] an official in charge of transportation and is responsible for Bianhua (change and transformation). The small intestine is the organ [similar to] an official in charge of reception and is responsible for [further] digestion of foods. The kidney is the organ [similar to] an official with great power and is responsible for skills. Sanjiao (triple energizer) is the organ [similar to] official in charge of dredging and is responsible for the water-passage. (2005: 109 - 111)

文树德译: The large intestine is the official functioning as transmitter along the Way. Changes and transformations originate in it.[10] The small intestine is the official functioning as recipient of what has been perfected. The transformation of things originates in it.[11] The kidneys are the official functioning as operator with force. Technical skills and expertise originate from them.[12] The triple burner is the official functioning as opener of channels. The paths of water originate in it.[13] (2011: 158)

注释 10：传道 may also be read as "path of transmission." Hence Wang Bing: "传道 is to say: the path along which the unclean is transmitted. 变化 is to say: change and transformation of the physical appearance of things." 注释 13：Wang Bing："It guides yin and yang [qi] and opens blockages. Hence it is the official functioning as Opener of the ditches and the waterways originate from there." Wu Kun: "决 stands for 开，'to open.' 渎 stands for 水道，'water way.'" See also 1899/43. Zhang Jiebin: "决 stands for 通，'to penetrate,' 'make passable.'"

原文主要论述人体器官大肠、小肠、肾以及三焦所司之职，其中提及"传道""水道"。就前者而言，李译未将其明示，而是化在整句话中；而文树德则将其译为 Way，并加注"传输之通道"，以明其意。同时，文译还附有王冰的注解"不洁之物的传输通道"。就"水道"而言，李译为 water-passage，文译为 the path of water。文氏依然采取"加注"的诠释策略，且是集数家（王冰、吴崐、张介宾）注释，以更具有说服力的方式解释其意，尤其是其语境之意。这些注释诠释"决""渎"之意，更好地阐明为何"三焦"具有"水道"的功能。对于译文读者而言，"三焦"实为一个陌生、异域的医学概念，由于缺乏相关的文化背景知识而较难理解。在对全句主要词汇作了注解之后，原文的意义更容易理解，这也是译者采取"加注"诠释策略的主要原因。

4.4.1.3 中国科技典籍之"阴阳"的英译诠释

阴阳学说形成于上古时代，较早见于《尚书》《周易》《道德经》等典籍中。此后，在历代典籍中被阐释、发展、引申，成为中国古代科技、哲学、文学等各个领域中最主要概念之一。"阳"在甲骨文中被解释为"明亮"，在金文中，"阴"表示幽暗之意。阴阳的本义分别为暗与明，其相关意义多以此为本而阐发。中国科技典籍多用此二者之间的关系来解释各种自然现象,如胡化凯(2013:37)就认为,古人用阴阳概念表示事物相反相成的对立属性,对事物进行两元化分类,说明事物之间及其内部对立统一的两个方面所具有的互根、互制、互动、互感、消长、转化等关系。阴阳学说是"我国古代的唯物论和辩证法。它认为世界是物质的,物质世界是在阴阳二气作用的推动下孳生、发展和变化着的。这种观念……成为当时自然科学各个学科发展的指导思想"(傅维康、吴鸿洲,1996:62)。

以中医为例,阴阳学说就是其基本理论。阴阳学说"通过古代医家的理解和创新,与中医的各个方面紧密联系在一起,成为中医不可分割的最重要的理论,指导着中医的临床"(沈丕安,2014:1)。阴阳学说在《黄帝内经》中的运用主要体现为:阴平阳秘,阴阳和合;阴阳变化,阴阳动静;阴阳盛衰,阴阳盈虚;阴生阳长,阴杀阳藏;阴阳互根,阴阳互为;阴阳胜复,阴阳顺逆;阴阳并存,阴阳离决;等等(沈丕安,2014)。

《淮南子》亦使用阴阳学说来解释自然变化规律。该书"用阴阳、五行学说来解释和认识天文、星象、动植物等自然现象,它的许多观点都带有朴素唯物论的倾向"(陈广忠,2000:55)。

(1) 阴阳的英译诠释

例10　夫言人之阴阳,则外为阳,内为阴。言人身之阴阳,则背为阳,腹为阴。言人身之脏腑中阴阳,则脏者为阴,腑者为阳。肝、心、脾、肺、肾五脏皆为阴,胆、胃、大肠、小肠、膀胱、三焦六腑皆为阳。所以欲知阴中之阴、阳中之阳者,何也?为冬病在阴,夏病在阳,春病在阴,秋病在阳,皆视其所在,为施针石也。故背为阳,阳中之阳,心也;背为阳,阳中之阴也,肺也;腹为阴,阴中之阴,肾也;腹为阴,阴中之阳,肝也;腹为阴,阴中之至阴,脾也;此皆阴阳、表里、内外、雌雄相输应也,故以应天之阴阳也。(《黄帝内经·素问》之"金匮真言论")

李照国译: In terms of Yin and Yang in the human body, the external is Yang and the internal is Yin. In terms of Yin and Yang [concerning the parts] of the human body, the back is Yang and the abdomen is Yin. In terms of Yin and Yang concerning the Zangfu—Organs, the Zang—Organs pertain to Yin and the Fu—Organs to Yang. So the liver, the heart, the spleen, the lung and the kidney are all Yin, while the gallbladder, the stomach, the large intestine, the small intestine, the bladder and the Sanjiao (Triple Energizer) are all Yang. What is the use to divide Yin from Yin and Yang from Yang? Because diseases in winter are of Yin[17] [nature] while diseases in summer are of Yang[18] [nature], and diseases in spring are of Yin[19] [nature] while diseases in autumn are of Yang[20] [nature]. Diseases occurring in different seasons should be treated by Zhenshi (acupuncture and stone-needle) according to their specific locations. Thus the back belongs to Yang the Yang within the Yang is the heart; the back belongs to the Yang and the Yin within Yang is the lung; the abdomen belongs to Yang and the Yin within Yin is the kidney; the abdomen belongs to Yang and the Yang within Yin is the liver; the abdomen belongs to Yang and the extreme Yin within Yin is the spleen. All [the examples mentioned above] are the interrelation and interaction between Yin and Yang, the inside and the outside, the external and the internal as well as the male and the female. Clearly they all correspond to Yin and Yang in nature. (2005: 45 - 47)

文树德译: Now, speaking of the yin and yang of man, then the outside is yang, the inside is yin. [34] Speaking of the yin and yang of the human body, then the back is yang, the abdomen is yin. Speaking of the yin and yang among the depots and palaces of the human body, then the depots are yin and the palaces are yang. [35] The liver, the heart, the spleen, the lung, and the kidneys, all these five depots are yin. The gallbladder, the stomach, the large intestine, the small intestine, the urinary bladder, and the triple burner, all these six palaces are yang. Why would one want to know about yin in yin and yang in yang? This is because in winter, diseases are in the yin [sections]; in summer, diseases are in the yang [sections].[36] In spring, diseases are in the yin [sections]; in autumn, diseases are in the yang [sections]. In all cases one must look for their location to apply needles and [pointed] stones.[37] Hence, the back being yang, the yang in the yang is the heart.[38] The back being yang, the yin in the yang is the lung.[39] The abdomen being yin, the yin in the yin are the kidneys. The abdomen being yin, the yang in the yin is the liver.[41] The abdomen being yin, the extreme yin in the yin is the spleen.[42] All these are correspondences in the transportation [of qi] among yin and yang, exterior and interior, inner and outer, female and male [regions].[43] Hence, through these there is correspondence to the yin and yang of heaven." (2011: 89 - 90)

该段集中讲解了人体主要部位孰为阴,孰为阳,及阴阳之间的联系,尤其是这些被命名阴阳的器官与四时发病之间的关系。在这段不算太长的文字中,阴字出现了 22 次,阳字出现了 19 次,从中可以发现该书对于阴阳内涵的集中论述。

"为冬病在阴,夏病在阳,春病在阴,秋病在阳,皆视其所在",李照国译为"Because diseases in winter are of Yin[17] [nature] while diseases in summer are of Yang[18] [nature]",其中,译者将原文中的阴阳阐释为具有阴阳的属性,在译文中添加了[nature]。译者引用高士宗的话做注解,诠释其属于哪种属性,"Yin (阴) here refers to Shenjing (肾经, Kidney-Channel) . Gao Shizong (高士宗) said, the idea that winter disease is of Yin [nature] means that the disease involves the kidney. The kidney pertains yin to Yin in the Wuzang (five Zang-Organs)"。而文树德则诠释为:in winter, diseases are in the yin [sections],在阴阳后面增加了[sections]一词。至此,可以对比两个版本诠释的差异,即前者加注内容为"属性",后者为阴阳所在的部位。两位译者如此诠释,主要受他们所参考的书籍的影响。可见,在对中国科技典籍阐释时,译者很大程度上受原

文解释书籍的影响。

（2）与“阴阳”有关的术语英译诠释

例 11 岐伯曰：“冬者水始治，肾方闭，阳气衰少，阴气坚盛，巨阳伏沉，阳脉乃去，故取井下阴逆，取荥以实阳气。”（《黄帝内经·素问》之“水热穴论”）

李照国译： Qibo answered，“In winter，water begins to become dominated and the kidney begins to close up. [At this period of time，] Yangqi declines，Yinqi predominates，Juyang（Taiyang）sinks and Yang channels go into hiding. That is why Jing-Well [Acupoint] is selected to deal with adverse flow of Yin and Ying-Spring [Acupoint] is selected to supplement Yangqi.”（2005：659）

文树德译： Qi Bo：“In winter，the water begins to govern. The kidneys are about to stimulate closure. The yang qi is weak and diminished；the yin qi is firm and abounds. The great yang hides in the depth and the yang vessels leave.[34] Hence，take the wells to bring the yin counter movement down，take the brooks to replenish the yang qi.”[35]（2011：98）

原文认为，冬天阴气旺盛，阳气让位于阴气，人体内的阴阳之气与外界的四季呼应，因此，人体须依循此规律进行相应的调适，方能维系体内阴阳平衡，保持身体健康。此例中，两个译本将“阴气”和“阳气”分别译为Yinqi（Yin qi）和 Yangqi（yang qi）。李照国把阳脉译为 Yang channels，而文树德译为 yang vessels。

文译中的注解 34、35 参考了王冰、张志聪、胡天雄与程士德的观点，对原文中的阴气、阳气、阳脉进行了解释。注解 34 认为，“Wang Bing：‘去 is to say：to move downwards.’ Hu Tianxiong：‘阳脉 is 阳气，‘yang qi.’ In ancient times，脉 and 气 were used interchangeably.’” 译者借用他人的观点诠释“阳气”“阳脉”之义。注解 35 主要援引张志聪和程士德的论点诠释译者自己的译文。前者解释了为何在冬天和秋天结合保持阴气、阳气的平衡以治愈人体疾病;后者指出阴气与阳气如何随四季变化而变化。

由此可知,在翻译中国古代科技术语时,文译借助诠释手段——注解诠释,更好地解释这些术语的意义,可以让读者更好地了解其丰富的内涵。

例 12 自子至巳为阳律、阳吕,自午至亥为阴律、阴吕。凡阳律、阳吕皆下生,阴律、阴吕皆上生。故巳方之律谓之中吕,言阴阳至此而中也。(《梦溪笔谈》之“乐律一”)

王、赵译: From *zi* to *si*, we have masculine *lü* (律) and masculine *lü*(吕). From *wu* to *hai*, we have feminine *lü* (律) and feminine *lü* (吕). Tones labeled as masculine *lü* (律) and masculine *lü*(吕) should all fall by one third while tones labeled as feminine *lü* (律) and feminine *lü* (吕) should all rise by one third. Therefore, the tone corresponding to *si* is *zhong lü*, meaning that it is the middle point between *yin* and *yang*. (2008: 131)

沈括用四种概念,即阳律、阳吕、阴律、阴吕解释音阶的阶位与变化及其对音律的影响。译者采取了“意+音+汉字”的译法,将它们分别译为 masculine *lü*(律)、masculine *lü*(吕)、feminine *lü* (律)、feminine *lü*(吕)。这里的阴阳未被译为 *yin*、*yang*,译者采取释义法分别将它们译为 masculine 和 feminine,显现这些乐律概念的属性如同人之性别,有刚有柔,前者强劲刚健,后者低浅柔和。“西方哲学概念的体系是对立二分的,与中国古代哲学中的成对的概念体系有重要不同”(刘笑敢,2006:76),中国古代音乐体系的许多概念亦如是。例如在原文中,这种乐律多是二元相对的,即阳律、阳吕、阴律、阴吕。对原文作如此的诠释,相信译文读者不会难理解其义。

综上可知,在英译中国古代科技概念时,无论是“阴阳”概念,还是与

“阴阳”有关的术语，都体现了译者的诠释痕迹，表明中国古代科技概念诠释的复杂性，或谓之多义性。诚然，这种多义的诠释在上下文的语境中必是行得通的方可，如本节中与“阴阳”相关的诸概念，并未被一然皆然地都译为 yin 和 yang，或是其他某个为某些人或某个圈子普遍接受的译文。这样方可诠释中国古代科技概念的丰富内涵及其意义的多层面性、多维度性。同时，以上诸译者并未（也不应该）借用一个英语语言文化中某个固定的类似或看似相仿却又极其牵强附会的概念作为中西科技概念会通或桥接的对等物（equivalent 或 equivalence）①。刘笑敢（2006：76）曾建议“不妨尝试用描述的方法来解释古代的哲学术语，从而避免以西方现成概念来对应中国哲学术语时方枘圆凿的困境”。本研究暂且称这种诠释法为“描述性诠释”，其优点在于，这种解释可以揭示中国古代文化概念的本真面貌，彰显其异质与特质，而非“削足适履”地迎合西方的逻辑框架与文化机制。诸多中西差异恰如一棵枝繁叶茂的参天大树的根，从根本上决定了中西概念之间的不可通约性。而通过对中国概念的描述，可以让域外读者进入了解此种概念的视域，逐渐知晓并熟悉它们不同层面的内涵。

中国古代科技概念的诠释与翻译亦同此理。中国古代科技在许多方面殊异于西方科技，曾近义、张涛光（1993）对这种差异做过系统研究，认为这些差异主要包括：中西自然观的差异（对于世界本原和宇宙论的认识）、中西科学技术论的差异（科学技术观、科学技术发展的社会因素）、中西科学方法的差异（观察、实验、抽象、数学、逻辑等）。这些差异表明，绝不可以直接套用西方科技的相关概念简单粗暴地，甚至采用巴西“食人翻译方法”将他们的概念体系强加于中国古代科技概念之上，因为这样的诠释与翻译呈现的多是西方的科技概念，而非中国古代的科技概念。

① 这也表明，实际翻译过程中，所谓的“翻译对等”（translation equivalent 或 translation equivalence）多是理想化译者/读者/翻译赞助者/翻译诗学等的“翻译乌托邦”（Translation/Translating/Translators Utopia）的一部分，或是与译事相关的诸多参与者无意识地努力再造“翻译巴别塔”（Translation/Translating/Translators Babel）的一种尝试。然而，每一个翻译现实的碎片却是这种梦想被击碎的一片，每一片都折射出这种梦想的虚妄，虽然有的尝试会离这种梦想较近。

4.4.1.4 中国科技典籍之“五行”的英译诠释

五行，即水、木、土、火、金，是中国科技典籍的核心概念，同阴阳一样，被中国古代科学家用来理解、解释各种自然现象。

例 13 黄帝问曰：“天有五行，御五位，以生寒暑燥湿风；人有五脏，化五气，以生喜怒思忧恐”(《黄帝内经・素问》之“天元纪大论”)。

李照国译：Huangdi asked，“In nature there exists the Wuxing (Five-Elements) that governs the five directions to produce Cold，Summer-Heat，Dryness，Dampness and Wind；in the human body there exists five Zang—Organs that transform five kinds of Qi to generate [the emotions of] joy，anger，contemplation，anxiety and fear.” (2005：731)

文树德译：Huang Di asked：“Heaven has the five agents；they control the five positions.[2] Thereby [the five agents] generate cold，summer heat，dryness，dampness，and wind.[3] Man has the five depots；they transform[4] the five qi，thereby generating joy，anger，pensiveness，anxiety，and fear.”[5] (2011：173)

原文并未指出五行是什么，而是说五行可以产生寒、暑、燥、湿、风，主要阐述五行的功能。李照国将“五行”译为 Wuxing (Five-Elements)（五种元素），其诠释方法为“音译加注解”，原文未指明其具体指称，译者也未指明，以笼统译笼统，以笼统释笼统。曾有学者反对将中国的五行译为 five elements(译文可以回译为“五种元素”)。这种诠释方法是迎合西方古代科技的四元素说，然而西方的四元素与中国的五行并不是一回事，其内涵、特征与功用均有差异。

文译将“五行”译为 five agents，注释 3 表明，译者采用了自证式诠释策略，引用第 45 章的内容诠释五行与寒、暑、燥、湿、风之间的关系。如前文所述,这种方式可以在同一文本之内揭示不同概念之间的多义性与同义性。就是说,同一概念具有不同层次的内涵;同时也是更重要的一点,同一个层面的含义会在同一文本中不止一次出现,须保持该层次内涵的一致性,这更多受制于科技文本的属性与要求。故此种诠释方式比较符合对中国古代科技范畴概念的解释。

4.4.2 中国科技典籍本体属性英译诠释

如前文所述,中国科技典籍具有哲学性、人文性、直觉性/经验性等特点,本节将从诠释学的角度分析译者在翻译中是如何诠释这些特性的。

4.4.2.1 中国科技典籍哲学性英译诠释

中国古代科技脱胎于素朴的中国古代思想,尤其是哲学思想。李约瑟(2006:2)认为,中国哲学对中国古代科技发展影响尤甚。如道家和墨家之自然主义世界观,“道家对于大自然的玄思洞识,全与亚里士多德以前的希腊思想匹敌,而为一切中国科学的根基”。下文主要从“辩证统一观”和“有机整体观”两个层面展开研究。

(1) 辩证统一观

深受《周易》与《道德经》的影响,许多中国科技典籍都反映了辩证统一观的哲学思想。《周易》之阴阳转化思想就是辩证观的主要体现之一,老子思想更是这种观点的最高代表,“有无相生,难易相成,长短相形,高下相倾,音声相合,前后相随”(《道德经》第二章);“祸兮,福之所倚;福兮,祸之所伏,孰知其极?其无正”(《道德经》第五十八章)。这种思想不同于西方“二元对立”非此即彼的思想,而是一种整体观,即将世间万物视为一个整体,而非独立的、相互割裂开来的片状个体。这也是中国古代科技不同于近代科技的根源之一。这种辩证观深刻体现在中国科技典籍中,如中医之“辨证施治”。

例 14 寒极生热,热极生寒,寒气生浊,热气生清。清气在下，则生飧泄；浊气在上，则生䐜胀。此阴阳反作，病之逆从也。（《黄帝内经·素问》之“阴阳应象大论”）

李照国译：Extreme cold generates heat and extreme heat generates cold. Hanqi (Cold-Qi) generates turbid [Yin] and Re-Qi (Heat-Qi) produces lucid [Yang]. [If] Qingqi (Lucid-Qi) descends, it will cause Sunxie (diarrhea with undigested food in it). [If] Zhuoqi (Turbid Qi) ascends, it will cause abdominal flatulence (or distension). These are the disorders of Yin and Yang [in motion]. Violation of the rules of Yin and Yang leads to diseases. (2005: 57)

文树德译：Cold at its maximum generates heat; heat at its maximum generates cold.

Cold qi generates turbidity; heat qi generates clarity. When clear qi is in the lower [regions of the body], then this generates outflow of [undigested] food. When turbid qi is in the upper [regions], then this generates bloating.[8] These [are examples of] activities of yin and yang [qi] contrary [to their normal patterns],[9] and of diseases opposing [the patterns of] compliance.[10] (2011: 97)

原文解释了“飧泄”和“䐜胀”两种疾病产生的病因。寒到极致则生热，热到极致则生寒。由于寒气、热气、浊阴、清阳的相互作用而产生这两种疾病。其背后的根本病因是阴气和阳气的升降运动，这深刻体现了寒热、清浊、阴阳等相对概念之间的相互关系。原文即是利用这种辩证关系解释病因。

以上两个译文对辩证关系采取的诠释策略既有相同之处，也有相异之处。在处理原文中的“寒极生热，热极生寒”时，以上两家译文的诠释策略较为相似，即采用直译法。在翻译“此阴阳反作，病之逆从也”时，其诠释方式差别较大。李照国译未指出这种辩证关系，仅以“These are the disorders of Yin and Yang [in motion]”粗略译之，该译文只是说阴阳失序，并未体现出这种辩证关系。文译添加了注释，译文中的8、9、10皆为注释。以注释 9 为例,"反 is identical with 翻,翻 has the meaning of 反复无常'backwards and forwards, without regularity';作 means 行,'to pass', 'to move';阴阳反作 is: the movement of yin [qi] and yang [qi] has lost its regularity"。以上注释诠释了阴阳之间相互转化运动产生的结果,体现了二者之间的辩证关系。另外,除了注释,文译"These [are examples of] activities of yin and yang [qi] contrary [to their normal patterns], and of diseases opposing [the patterns of] compliance."也诠释了这种辩证关系。其中 activities of yin and yang [qi] contrary [to their normal patterns]与 opposing [the patterns of] compliance 等都是对辩证关系的诠释。

(2) 有机整体观

不同于西方的二元对立科技观,中国古代科技观属于有机整体观。曾近义、张涛光(1993:251)认为,"有机整体思想是中国科学技术思想中最核心的东西,自古以来一直是中国人认识世界,包括认识人类本身、自然界及其相互关系的最普遍的指导思想。这一思想不仅渗透、植根于科学技术的各个领域,而且在社会科学的各个方面都有明显的反映"。这种有机整体观将自然界万物(包括人类及其一切实践活动)视为一个整体,一切活动与他者都存在一定的联系,是一个体系,以整体的观念理解和解释各种科技现象与活动,更以这种观点要求人类的各种实践活动。中国医学就是一个很好的明证,主要体现在从病理上分析与自然气候及季节的和睦与和谐,人体各器官是一个整体,人体器官与外在各种因素是一个整体。当然,同类思想也反映在中国古代农业、天文等诸多方面。例如,中国农业生产是"由间、混套作,复杂轮作,多种经营发展形成的。中国传统农业有着循环利用、耗能少、用养结合、精耕细作、以种植为主多种经营综合利用等特点,并强调不违农时,因地制宜,把天时、地力、人力看作农业生产中三个相互制约的基本因素"(曾近义、张涛光,1993:255)。

例 15 东风生于春,病在肝,俞在颈项;南风生于夏,病在心,俞在胸胁;西风生于秋,病在肺,俞在肩背;北风生于冬,病在肾，俞在腰股；中央为土，病在脾，俞在脊。故春气者，病在头；夏气者，病在脏；秋气者，病在肩背；冬气者，病在四支。(《黄帝内经·素问》之“金匮真言论”)

李照国译： The east wind appears in spring. The diseases [occurring in spring tend to] involve the liver and the Acupoints are on the neck and nape. The south wind appears in summer. The diseases [occurring in summer tend to] involve the heart and the Acupoints are on the chest and rib-side.[7] The west wind appears in autumn. The diseases [occurring in autumn tend to] involve the lung and the Acupoints on the shoulders and back[8]. The north wind appears in winter. The diseases [occurring in winter tend to] involve the kidney and the Acupoints are on the waist and thigh[9]. The center pertains to Earth[in the Wuxing (Five-Elements)] and the disorders usually involve the spleen and the Shu (Accupoint) are on the spine[10]. [The above analysis explain why] diseases caused by Chunqi (Spring-Qi) often involve the head, diseases caused by summer-Qi usually involve Zang-Organs[11], diseases caused by Qiuqi (Autumn-Qi) frequently involve the shoulders and back, and diseases caused by Dongqi (Winter-Qi) always involve the limes. (2005: 41-43)

文树德译： The East wind is generated in spring; [it causes] a disease in the liver. The transporters[5] are in the neck[6]. The South wind is generated in summer; [it causes] a disease in the heart. The transporters are in the chest and flanks[7]. The West wind is generated in autumn; [it causes] a disease in the lung. The transporters are in the shoulders and back[8]. The North wind is generated in winter; [it causes] a disease in the kidneys. The transporters are in the lower back and thighs[9]. The center is the soil. The diseases are in the spleen. The transporters are in the spine.[10] Hence, as for the qi of spring, [it causes] diseases in the head.[11] As for the qi of summer, [it causes] diseases in the depots.[12] As for the qi of autumn, [it causes] diseases in the shoulders and in the back.[13] As for the qi of winter, [it causes] diseases in the four limbs.[14](2011: 84 - 85)

原文阐明了人体不同部位的疾病与风向、季节之间的关联。在作者看来,人体部位有恙,与不同的节气和风是分不开的,这是一种有机的整体观,“把人和自然界看作一个互相对应的有机整体”(蒙培元,1993:184 - 185)。在这整个有机系统——自然界中,各个部分是相互联系的。相较而言,文译更为明晰地诠释了关联性——风—季节—人体部位疾病。原文的前半部分句式比较统一,即句子结构皆为“A 风生于 B,病在 C,俞在 D”,其中,A 为方位,B 为季节,C 为人体器官,D 为人体部位。李照国译和文树德译的句式都相对比较固定,但有所差异,主要表现如下:

The ... wind appears in .... The diseases [occurring in ... tend to] involve the ... and the Acupoints are on the ... (李译)

The ... wind is generated in ...; [it causes] a disease in the ... The transporters are in the ... (文译)

就句式结构而言,李译的首句使用了主动语态,而文译采用了被动语态,即前者认为,“风”是自己生发的(appears)。而在后者看来,“风”是别的因素所致(is generated)(此处可能是季节使然)。这种倾向在第二句译文结构中尤为明显,李译依然使用主动语态,尤其使用现在分词结构;而文译则选用 cause 这一极具“使动”意义的词汇,表明人体器官的疾病源自自然界的“风”,更能彰显人体病症与自然界其他要素之间的关系。类似的差异在原文的后半部分也有体现。

此外,“俞”的翻译同样反映了两种译文的诠释差异。李译为 Acupoint,即“穴位”,而文译则为 transporter,后者比前者更能反映这种关联性。

最后,两个译本均附有数个注释(李译 8 处,文译 7 处),参考他人的注解以对其译文作出诠释,旨在理顺句子结构,疏通译文意义。李译援引了王冰、张介宾、郭霭春等人的注释。这三位研究《黄帝内经》的专家对此短句诠释的观点不一。王冰从针灸穴位的角度进行解读，认为胸胁是针灸治疗时用针的地方；张介宾则从“气”的角度切入，指出心气侵入胸胁；郭霭春从“心经”（即心之经络）的角度解读，认为夏病反映在胸胁。这些不同解读充分表明中国古代科技文本诠释的多样性。以其注释7为例，注释都是对“俞在胸胁”（the Acupoints are on the chest and rib-side）的注解，分别是：“heart disease can be treated by needling the Acupoints located on the chest and rib-side”“the Xinqi（心气，Heart-Qi）infuses into the chest and rib-side”和“the Xinjing (Heart-Channel) diseases are reflected over the chest and rib-side”（2005：51）。李译将此类观点呈现给读者，亦是想尽可能让读者理解原文意义的多样性与多层次性。

即便是对王冰解读的翻译，李译和文译也呈现出翻译与诠释的非单一性与非独面性。他们的译文分别是：“heart disease can be treated by needling the Acupoints located on the chest and rib-side”和“The heart minor yin conduit follows the chest and emerges in the flanks. Hence it is transported there”。与李译的视角不同，文译将视点置于“心气传输”，其译文认为，心气的管道依循人体胸部脉络，出现于胁部，疾病亦出现于此。

例16　人主之情上通于天，故诛暴则多飘风，枉法令则多虫螟，杀不辜则国赤地，令不收则多淫雨。四时者，天之吏也；日月者，天之使也；星辰者，天之期也；虹霓、彗星者，天之忌也。（《淮南子》之“天文训”）

翟、牟译：Heaven can read the mind of sovereigns of states of the mundane world. Hence, when a sovereign executes tyrannical people, it usually triggers hurricanes; when he perverts the law, it usually triggers insect pest; when he sentences innocent people to death, it usually triggers severe drought in his state; when issues wrong edicts, it usually triggers excessive rains. The Four Seasons are officers employed by Heaven; the Sun and the Moon are emissaries sent by

Heaven; the stars and other celestial bodies are participants attending meetings hosted by Heaven; rainbows and comets are warning issued by Heaven. (2010: 131)

梅杰等译: The feelings of the rulers of men penetrate to Heaven on high. Thus, if there are punishments and cruelly, there will be whirlwinds. If there are wrongful ordinances, there will be plagues of devouring insects. If there are unjust executions, the land will redden with drought. If there are unreasonable ordinances[10], there will be great excess of rain. The four seasons are the officers of Heaven. The sun and moon are the agents of Heaven. The stars and planets mark the appointed times of Heaven. Rainbows and comets are the portents of Heaven. (2010: 117)

原文将人与自然视为一个整体,人类是自然界的一部分,若人间冤屈多,统治者不为民谋福利,则会遭受上天的惩罚,四时、日月、星辰等皆是上天掌管这等惩罚的官吏,这是"天人合一""天人感应"的一种反映。自然界的这般天气变化不是由于各种气象的变化,而是取决于人间统治者的行为。用这种理念解释自然现象虽不免有迷信之嫌,但却是理解中国古代科技属性的一个重要方面。因此,这种人与自然的整体科技观能否在译文中体现出来至关重要。

翟、牟译本使用了"Heaven can read the mind of sovereigns",此句很清楚地指出(注意其中的 read 一词),天可以读懂人间事态。接着,译者在随后的四句中都使用了"when ... it usually triggers ... ",这种条件句的排比使用更表明,人间若发生冤屈事件,则会招致上天的惩罚,主要是各种自然灾害。译者在译文中彰显了这种整体性思维。在下一部分的翻译中,翟、牟译文采用"employed by Heaven""sent by Heaven""the Sun and the Moon are emissaries sent by Heaven""the stars and other celestial bodies are participants attending meetings hosted by Heaven""issued by Heaven",其中的 employ、sent、attending meetings、hosted 以

及 issued 等皆能较好地体现四时与各种星体及天之间的一体性。

梅杰等采用“if there are ... there will be ... ”这种因果关系，比较直接的条件句型同样可以表达原文的“天、人、自然的整体观”，即人类行为与各种自然现象是一个整体，密切相关。在翻译原文的后半部分时，与翟、牟译不同，梅杰等使用 are 翻译原作之“……者，……也”，这一结构一般被解读为“……是……。”从这一角度来看，该译文更忠实于原作。但是，相比较而言，翟、牟译使用的 employ、sent、attending meetings、hosted 以及 issued 等词汇具有更强的事件性，更能阐释中国古代科技之“天、地、人整体观”。由此可以看出，前者的忠实多是表层的、语言形式的相似，而后者则是深层的、哲学的、接近原作本身的诠释，这种诠释更符合原作的旨趣和中国科技典籍本真的面貌。本研究暂且把前者称为“语言形式的诠释”，把后者称为“作者意图的诠释”。前者重视语言形式意义，后者聚焦找寻原作的真实意义，这种真实意义是一种“翻译的乌托邦”或“诠释的乌托邦”，因为这种诠释永远在路上，没有终点，更多是度的差别，或不同侧面的反映。这种度的差别多彰显于不同诠释的比较之中，正如以上译例所呈现的那样。此外，这个译例还表明，一般而言，诠释的表面相似性与诠释的深层相似性是矛盾的，并且诠释的深层相似性更接近于原作，是译者努力的方向。

4.4.2.2 中国科技典籍人文性英译诠释

人文性是指对人之需求的关注与关怀。兼顾人文需求的科技发展就不是冷冰冰的、无人性的、物与物关系的发展，而是考虑人的整体与长远利益的“有人情味”的发展。中国科技典籍不同于现代西方科技的另外一个主要特征是其人文性，因为中国古代科技多体现了“人文性”，而当代科技却忽视了这种“人文性”。狄尔泰将自然科学与人文科学区分开来，并提出“自然需要说明，精神需要理解”的论断，其观点遭到包括海德格尔、伽达默尔等许多学者的质疑和反对。科学哲学、科技诠释学等学科的发展证明，自然学科同样需要解释，极具中国特色的中国科技典籍就更需要诠释。其原因是多方面的：一方面，中国古代科技学科分类尚不明确，“特别是在春秋战国时期，科技尚未形成相对独立的研究领域，而与其他学科，尤其是人文学科融合在一起，科技的轮廓和形态还较为模糊，尚处于分化和形成之中”(谢清果，2004：12－13)，如中国(古代)的地理学中，“人文地理与自然地理并无区别，而以人文地理为主体”(许倬云，2016：101)。

《黄帝内经》《墨子》《梦溪笔谈》等科技典籍都体现了人文性。在“天人合一”宇宙观的思维中，人体疾病的防治与养生皆与自然界相呼应，“医学通过阴阳、五行、六气与天干、地支的排列、组合建立‘天人合一’的体系，《黄帝内经》认为人体生命活动受到阴阳、四时的影响，生理过程必定呈现一定的时间节律，与天相应和”(李婧，2010：19)。《墨子》同样体现了丰厚的人文性。“在墨子的科技实践中寄托了强烈的人文情怀，墨子的科技思想是一种人文化的科学观，包含着丰富的人文关怀和人道主义精神。墨子的科学技术实践都是为以‘救世’为特征的‘义’的思想服务的。”(邵长杰，2012)

《梦溪笔谈》更是中国古代科技与人文结合的典范。根据李约瑟(1990：140－141)的分类统计，《梦溪笔谈》涉及人事材料、自然科学和人文科学的分类如下表：

表 4.1 《梦溪笔谈》中人事、自然科学、人文科学内容分类

类别	内容
人事材料(270)	官员生活和朝廷(60)、学士院和考试事宜(10)、文学家和艺术(70)、法律和警务(11)、军事(25)、杂闻和轶事(72)、占卜、玄术和民间传说(22)
自然科学(207)	《易经》、阴阳和五行(7)、数学(11)、天文、历法(19)、气象学(18)、地质学和矿物学(17)、地理学和制图学(15)、物理学(6)、化学(3)、工程学、冶金学和工艺学(18)、建筑学(6)、灌溉和水利工程(6)、生物科学、植物学和动物学(52)、农艺(6)、医学和药物学(23)
人文科学(107)	人类学(6)、考古学(21)、语言学(36)、音乐(44)
总计(584)	

从上表不难看出，三个类别中皆有科技与人文的成分，人文与自然科技融合共存，你中有我，我中有你。

例 17 且吾所以知天之爱民之厚者，有矣。曰：以磨为日月星辰，以昭道之；制为四时春秋冬夏，以纪纲之；雷降雪霜雨露，以长遂五谷丝麻，使民得而财利之；列为山川溪谷，播赋百事，以临司民之善否；为王公侯伯，使之赏贤而罚暴，贼金木鸟兽，从事乎五谷丝麻，以为民衣食之财，自古及今，未尝不有此也。(《墨子》之“天志中第二十七”)

汪、王译：I know how deeply Heaven loves the people. Heaven creates the sun, the moon and the stars to lighten them; Heaven makes up spring, summer, autumn and winter to regulate the four seasons; Heaven sheds snow, rain, forest and dew to nourish the five grains, hemp and silk, so that the people may enjoy the benefits; Heaven lays out the mountains, rivers, valleys and streams and dispatches hundreds of officials to supervise the people's conducts; Heaven appoints the kings and the lords to reward the virtuous and punish the wicked; Heaven collects gold, wood, birds, beasts and engages in the production of the five grains, hemp and silk so as to provide food and clothing for the people. From ancient times to the present day, Heaven has always been doing so. (2006: 213 - 215)

约翰斯顿译：Further, how I know that Heaven's love of the people is profound is this. I say it is through its creating the sun, moon, stars and planets in order to light the way for them. It fixed the four seasons—spring, autumn, winter and summer—to regulate them. It sent down snow, frost, rain and dew so the five grains, hemp and silk would grow, and it let the people gain the benefits of these materials. It divided off the mountains, rivers, streams and valleys and widely established the many officials to oversee the people and keep watch on what was good and bad. It created kings, dukes, marquises and earls and caused them to reward the worthy and punish the wicked. It provided metal and wood, birds and beasts, as well as the production of the five grains' hemp and silk so the people had the materials for clothing and food. From ancient times until now, it has always been like this. (2010: 253)

《墨子》既是中国古代科技思想的集大成者,又充分体现了对人文的至上关怀。其中,"兼爱精神"是其核心内容。墨学研究专家孙中原(2008:3)认为,"墨家的兼爱平等观,强调爱的普遍性、整体性、交互性和对等性,反映人类起码的合理思想,有积极意义"。

文本意义具有某种程度的恒定性,否则各类典籍作品无法保存至今,更不可能促成其后各个时代的学者对其进行解读、诠释、注疏等。当然,文本意义的恒定性并非一成不变,会依据解释者、社会环境、主顾要求等因素而有某种程度的波动。但是,这种波动是有限的,而非任意的。这也是赫施、利科等人反对哲学解释学以及解构主义诠释学关于读者对原作诠释"过于开放性"质疑的根本所在。语言、文化、科学范式等差异过大可能造成极大误解,这便为诠释提供了很大的空间,但是这种诠释也是有边界的,并以有效性为前提。大多数时候,原作的意义是相对客观的。可以说,任何对原作的理解、解释、翻译都是"照着讲"与"接着讲"的结合,不存在绝对的"照着讲"和"接着讲"。

上例原文充分体现了墨子的"天意"思想,此文中的"天"赋予人类必需的资源,以及所需的良好的政治秩序,以致"民生""厚生"。该译例中的"知天之爱民之厚",两位译者的译文分别为"how deeply Heaven loves the people"和"Heaven's love of the people is profound",都彰显了"天"爱民之深。另外,在对"使民得而财利之"进行翻译时,两个译本皆突出了"天"对人民的厚爱,其译文分别为"the people may enjoy the benefits"和"it let the people gain the benefits of these materials"。最后,在翻译"以为民衣食之财"时,两个译本中"provide food and clothing for the people"和"the people had the materials for clothing and food"都能凸显"天"如何为民谋"衣食"。同时,此例表明,以上两个译本对原作意义的诠释基本相同,反映了原作意义相对的恒定性,即是说,两个译文均表达了"为人民提供衣物和食物”的本意。这构成了文本的同一性，靳斌(2016:32)认为，这有助于译文“经得起读者的反复阅读，使得理解成为可能。因此一切阐释活动都无法脱离阐释对象客观存在这样一个前提”。

例 18 诊有三常，必问贵贱，封君败伤，及欲侯王？故贵脱势，虽不中邪，精神内伤，身必败亡。(《黄帝内经·素问》之“疏五过论”)

李照国译： In diagnosing [diseases, one must pay attention to] three points. [That is to] ask [the patient whether his social position] is high or low, [whether he has been] granted titles [of being a noble] or demoted, and [whether he dreams of] becoming a duke or a king. [If a noble person has] lost the position, [he will certainly suffer from] internal damage [due to depression], though there is no invasion of Xie (Evil) [from the outside]. (2005: 1255)

文树德译： In diagnosis there are three rules [to be observed].
[The patient] must be asked
whether he is of noble or low rank;
whether he was a feudal
lord who has been destroyed or harmed;
and whether he aspires to be prince or king.
The fact is,
when a [man of] noble rank is stripped of his power,
even though he was not struck by an evil [qi from outside],
his essence and spirit have been harmed inside and
[hence] his body must face destruction and death. (2011: 670 - 671)

原文充分体现了生命至上的医学精神。“人的观念在《内经》里是不带任何社会属性的全体，是普遍意义上的总体。”(申咏秋、鲁兆麟，2006:

108)。原文中的“三问”体现了对人的普遍关怀,无论官职爵位如何,以及其梦想怎样,皆以平等的医治态度对待之。

诠释具有现实性。任何理解和诠释都是原作与读者相结合的产物,没有绝对的纯属原作者的理解和诠释,也没有纯粹是读者本人的理解和诠释。因为在读者的理解和诠释过程中始终掺杂着他/她的现实性,翻译的过程和结果也是如此。“解释者的任务是回溯性创造过程,在自身之内重构创造的过程,重新转换外来的他人思想,过去的一部分,一个记忆的事件于我们自己生活的现实存在之中;这就是说,通过一种转换调整和综合它们于我们自己经验框架内的理智视域里,这种转换是基于一种有如我们能重新认识和重新构造那个思想的同样的综合。”(参见洪汉鼎,2001:135)伽达默尔(1999:417)也持这种观点,“为了了解这种东西,他(诠释者)一定不能无视他自己和他自己所处的具体的诠释学境况。如果他想根本理解的话,就必须把文本与这种境况联系起来”。同时,这种“现实性”也受制于诠释者的社会性,因为“文本是社会交际生产过程的产物,而话语代表社会交际的全过程,不仅包括生产过程、生产出的产品,即文本,还包括阐释过程,而其阐释的对象就是文本”(苗兴伟、穆军芳,2016:534)。这种现实性是制约文本诠释多样性以及翻译多样性的主要因素之一。

译者的翻译大多会体现这种诠释的现实性及其多样性。这种现实性又从某种程度上造成了诠释和翻译的差异性和多样性。以此例中的“贵贱”英译为例,两个译本分别为 social position is high or low 和 of noble or low rank。“封君败伤”两个译本的译文分别为 granted titles [of being a noble] or demoted 和 a feudal lord who has been destroyed or harmed,前者将“封君”译为 grant titles of being a noble,后者为 a feudal lord,前者译出了原文中的“封”,后者省去不译;前者的“君”为 noble(贵族),后者为 feudal lord(封建郡主);“败伤”在李照国译文中为 demoted(降级),而文译主要译出其字面蕴涵,即“打败或受伤”。另外,“精神内伤”在李译中为 internal damage [due to depression],译者省去“精神”不译,直译内伤为 internal damage,并指出其原因——沮丧(depression);该短句在文译中为 essence and spirit have been harmed inside，译者采取直译法诠释“精神”的内涵。对于“身必败亡”的处理，两译文差异更甚：前者干脆省去不译，后者照字面译出为 his body must face destruction and death。

4.4.2.3 中国科技典籍直觉性/经验性英译诠释

同西方科技不同的是，中国古代科技还表现为明显的直觉性和经验性。这种重直觉、经验的科技特点不同于西方的重视概念体系构建、逻辑分析、实验证明。“中国人习惯于用体验的方式直接把握事物的意义，善于从具体感受中抽象出一般原则，而不讲求概念的形式化与功利化。”（蒙培元，1993：56）

中国的科技典籍大都与科技研究者的亲身体会、研究经验有关。这一点与西方的科技有些不同。“在古希腊，感觉经验常常遭到怀疑和否定；而在中国，感觉经验具有很高的地位，中国古代科技的卓著成就，大都是停留在直观的经验性的概括上，这主要体现在中国科学真正形成的定律、原理的学说不多。”（李春泰等，2015：34）墨家将经验视为认识自然的基本方法，中国古代的医药学、天文学、农学等几乎所有学科都与科技研究人员的经验密不可分。

例 19 岐伯曰：请言神，神乎神，耳不闻，目明，心开而志先，慧然独悟，口弗能言，俱视独见，适若昏，昭然独明，若风吹云，故曰神。（《黄帝内经·素问》之“八正神明论”）

李照国译：Qibo answered, “Please let me explain the Shen (Spirit). Shen (Spirit) is something that you have not heard but are enlightened at first sight and that you immediately understand it but cannot verbally make it clear. It is just like [the situation that] all people look at one object but only you have really seen it. It is just like [the situation that all people are] in the darkness but [only you] have a keen vision. And it is just like wind blowing clouds. That is why it is called Shen (Spirit).” (2005: 340)

文树德译:Qi Bo:

"Please, let me speak about the spirit.

The spirit, ah!, the spirit!

The ears do not hear [it].

When the [physician's] eyes are clear, his heart is open and his mind goes ahead,

he alone apprehends [it as if it were] clearly perceivable. [51]

But the mouth cannot speak [of it]. [52]

Everyone looks out, [but] he alone sees [it]. [53]

If one approaches it, it seems to be obscure,

[but to him] alone it is obvious [as if it were] clearly displayed. [54]

As if the wind had blown away the clouds.

Hence one speaks of a 'spirit'." (2011: 444-445)

原文认为,医生通过"望",即可领悟、查找到病人的病因,这种方法无法言喻,不经过理论推理获得。这一番关于"神"的简单论述充分展示了中国古代科技直觉性、经验性的特征。其中,"目明,心开而志先,慧然独悟,口弗能言"最能说明这一点。"目明"分别被译为 You are enlightened at first sight 和 the [physician's] eyes are clear,原文无主语,为适应英语语法的需要,译文中分别加上 You 和 the physician。另外,李译离开原文字面意义,走向其深层意义,即理解、了解,而文译是按照字面意义译的,"眼睛能看清某物"。相比较而言,文译更接近原文。"心开而志先"的翻译亦是如此。

4.5 小　结

本章首先讨论了中国科技典籍本体根源性范畴及本体特征,前者主要涉及道、气、阴阳、五行及其相关术语,后者包括中国科技典籍的哲学性、人文性、直接性/经验性。接着，本章主要从以上诸方面考察译者是如何诠释中国科技典籍的。研究发现，译者在翻译中国科技典籍本体根源性范畴概念及其属性时，采用的诠释策略包括：自证式诠释、描述性诠释、自解性诠释。自证式诠释保持概念的一致性；描述性诠释阐释概念的丰富性。在诠释中国科技典籍时，主要内容具有一定的恒定性，即诠释的客观性。诠释又具有一定的多元性，主要取决于诠释的现实性、主体性（第五章将详细论述）。这两种性质是辩证统一的关系。恒定性是主要的，多元性是补充性的。多元性不是任意的诠释和胡乱的诠释，而是取决于诠释的有效性，有效的标准是原文的意义。此外，在翻译中国科技典籍时，许多译者会参考前人对原作的注释、注疏、诠释等训诂成果。这有助于对原文的理解和诠释，对译文的诠释也有一定的限制作用。

第五章　中国科技典籍英译诠释之认识论维度

5.1　引　言

上一章主要从“中国科技是什么”的角度探究了科技文本的英译诠释策略和途径。本章主要从认识论，即认识的主、客体两个方面对中国科技典籍英译进行诠释性解读。

人类自诞生之日起便开始观察、感知、认识、理解自然和社会，从最肤浅的直觉感知到最缜密的逻辑推理，都是人类的认识。在这一漫长的过程中，人类的知识不断积累，人类社会因此而不断进步。这其中，科技的发展和进步尤为人类认识的最集中体现。因此，有必要从认识论的角度探究中国科技典籍英译的诠释方式。

本章主要解读此类文本的文本特征，译者兼读者（其本身就是读者）以及译文读者（译者在翻译时会将读者期望这一因素考虑在内）如何诠释中国科技典籍。

任何文本都有其多义性与模糊性的一面，这是因为语言作为一种外在的表达方式较难完全、不多不少地表达人的心智和思想。古代汉语的这种特质更为突出，例如汉语中的“得意忘言”“言不尽意”“意在言外”“言在意外”“此中有真意，欲辨已忘言”等多与此有关。对于典籍作品的理解尤其如此，主要是由于时间间距、地理间距、文化间距、语言间距以及不同科技范式之间具有的不可通约性等因素的掣肘与制约。“任何一部经典文本在它自己的创作与生产以及人们先前对它的接受与解读方面，无不带有其多元而含混的全部效应。”(特雷西，1998:113)伽达默尔(2010:80)也认为，语言“展示一种永远有限的经验，但这种经验绝不会在几乎不能猜测，不能言说的无限性的方面遇到障碍”。

理解的过程不是纯粹的理解之路，理解和解释是一个相互交织的过程。理解具有概念性，语言是理解的媒介。伽达默尔(2010:442)特别强调，人类赖以存在的世界具有语言性，“一种语言观就是一种世界观”。他进一步得出结论，人一开始就是语言性的，人的经验，从根本意义上讲，就是语言性的。

从诠释学和翻译学的角度来看，对一部经典作品的理解与翻译受制于诸多因素，其中比较重要的因素包括两个方面。就本章要谈论的话题而言，一个方面涉及认识的客体，即中国科技典籍文本本身；另一方面关涉认识的主体，即中国科技典籍英译者，以及与此翻译事件相关的其他主体。结合诠释学理论从这两个方面可以揭示中国科技典籍在被翻译成英文时译者所采取的诠释策略和方法。

5.2　本研究之认识论概念

本章首先结合认识论的内涵及其研究内容确定认识论在本章的含义，进而探究中国科技典籍英译的认识论。

认识论的英文 epistemology 源自希腊语，由 epistēmē 与 logos 两部分构成，前者指“知识”，后者意为“关于……的研究”，两者合起来意为“关于知识的研究”。西方关于认识论的研究多与该词的希腊文有关。《牛津哲学词典》(*Oxford Dictionary of Philosophy*)关于认识论的定义与此相仿：关于知识的理论(Blackburn, 2000: 123)。《简明劳特利奇哲学百科全书》(*The Shorter Routledge Encyclopedia of Philosophy*)对认识论的定义有所不同：“知识的本质、来源与有限性”(2005:224)。《韦伯斯特词典》(*Merriam-Webster Dictionary*)的定义强调对自然的研究，以知识为背景，更关注其局限性："关于自然的研究或理论，以及知识的背景，尤其是其局限与有效性"(the study or a theory of the nature and grounds of knowledge especially with reference to its limits and validity)。《布莱克威尔西方哲学词典》(*Blackwell Dictionary of Western Philosophy*)(2004:218)则将其延伸至知识获得的可能性，"关于知识的理论，认为获得知识是可能的，进而厘清知识的属性与范围"。《剑桥哲学词典》(*The Cambridge Dictionary of Philosophy*)(1999:273)将其定义为"研究知识的本质，并证明之，尤其是知识的特征，来源与局限，并证明之"。《新哲学词典》的定义为，"关于知识理论的哲学分支，传统的看法认为，认识论的中心问题是知识的本质和起源、知识的范围以及知识陈述的可靠性"(1992:157)。根据卡尔·文宁(Carl Wenning)(2009:3)，认识论关注获得知识的方式。认识论研究的内容包括：知识是什么、知识的源泉是什么、如何确定知识是否可靠、知识的范围及其局限。在施泰格缪勒(1986:274－276)看来，在认识的诸多关系中，核心要素包括主体、客体、主客体之间的关系。

通过梳理西方关于认识论的定义，可以发现，西方认识论主要是关于知识的理论，涉及知识的属性、知识的来源与范围以及人类认识的局限性等。

中国历史上并无纯粹的、严格的西方哲学意义上的认识论，多是依照西方认识论的研究框架，对中国古代哲学思想进行研究。虽如此，中国传统哲学有一整套自己的认识论体系。姜国柱(2013)系统探讨了"中国认识论"，他认为，中国认识论研究内容包括认识和认识的对象、认识的产生和发展、认识和实践、检验认识的标准。齐振海(2008:12)认为，认识论是关于认识及其发展规律的理论，旨在研究认识的主体、客体、认识工具、认识方法、认识中的思维问题、价值问题与真理问题。张东荪(2011:2)将认识论定义为"研究关于知识的问题"，包括知识的由来、知识的性质、知识与实在的关系，以及知识的标准。知识的由来研究人类是如何获得知识的，知识的性质是关于如何叙述得来的知识，知识与实在的关系探究知识的对象为何,知识的标准探讨知识的真伪。喻承久反对将西方认识论的框架模子套到中国传统的认识思想的研究,试图在比较中西方认识论异同的基础上找寻二者的融合之道。他关于"认识论"的认识兼具中西方特征,而又以中国自己的认识论为重。"认识论是人类为了达到人与自然的和谐、社群与社群的和谐、人与社群的和谐、个人与个人的和谐以及个人基于全面发展需要的身心和谐而反映、感受、体验以及观念地再认识对象的理论体。"(喻承久,2009:26)喻氏除了强调人类反映自然的同时,更重视体验,尤其是各种关系之间的和谐相处,而非西方的主客二分,提出知识是人类对大自然的终极认识,无涉人类自身的感受体验。这一点与中国古代的认识论截然不同。中国古代各家的学说莫不体现了主客一体的认识论特征。

中西方关于认识论的界定存在较大差异。如廖小平(1994:40-41)所言,中国认识论的思维方式趋于寻求对立面的统一,长于综合而短于分析,在天与人、理与气、心与物、体与用等的关系上,虽然也讲对立面的斗争,但总的倾向是不主张强为割裂,而强调融会贯通地加以把握,寻求一种自然而然的和谐。这种认识方式以整体论、有机论、和谐论为基本特征。西方传统自然认识论的逻辑分析思维方式是以追求确定性和精确性为目标的,但却往往忽视了整体性和系统性。

鉴于以上论述,本章将认识论界定为:人类通过自己的主体思维活动对客观对象的认识活动。因为人的"认识以物质的实践活动为基础,认识的发生、发展及其全面的实现,都离不开物质的实践活动,但它又是属于意识领域的具有相对独立性的活动,表现为认识的主体通过感知思维活动把认识的客体转化为自己观念的内容"(夏甄陶,1992:2)。

5.3 中国科技典籍英译诠释的客体

利科(2015:148)将"所有通过文字(écriture)固定下来的话语(discours)称作文本(texte)"。文本是人类认识世界的结果,更是感知世界、认识世界的媒介。所以,文本在人类的认识活动中有着极为重要的作用。中国科技典籍文本是译者进行翻译这一认识活动的始基和依据,但是“因为我们与事物的关系通过符号(signe)而变得间接”(同上:169)。同时,由于语言、时间、文化、地理等诸多原因,中国科技典籍文本与现代英语之间存在差距和差异,由此导致认识上的间距,这种间距为译者理解、解释和翻译原文带来困难,但也更能体现译者的主体性和创造性。本节尝试结合中国科技典籍文本的语言性,借用利科的文本诠释学理论,对比,研究《黄帝内经·素问》《墨子》《淮南子》《梦溪笔谈》不同版本的英译,尝试探究译者诠释这些文本的途径。

诠释学的一切前提不过只是语言。其实,翻译,无论是翻译实践,还是翻译理论,都是以语言为其前提,这更是从诠释学角度研究翻译现象的根本原因和主要契合点。因为语言就是理解本身得以进行的普遍媒介,而理解进行的方式就是解释。在绝大多数情况下,充当这种语言性的介质就是文本,文本是作者、读者、译者以及译文读者的中心。所以,有必要从文本的角度介入,以文本的语言性为突破口,探究中国科技典籍的英译诠释方式。

本研究关于中国古代科技认识的客体主要指中国科技典籍文本,所以主要结合中国科技典籍文本的特征,从文本诠释学的角度考察此类文本在翻译过程中是如何被诠释的。“当我们理解时,我们便进入语言之中,并受制于语言的视域。正如理解的对象在语言内有它自己的生命一样,理解的主体置身于语言内,也有它的生命。”(约翰逊,2014:62)伽达默尔也认为,“文字性的解释是一切解释的形式”(2010:398)。

与口头交流相比,文字文本缺少了作者的在场和语境,使语言潜在的多义性得以有机会跳窜出来,参与意义的竞争。“思想一旦变成文字,便失去了与声音、与对话语境的活生生的联系,这时它便暴露给误解和歪曲。”(张隆溪,2006:24)原作者的意义和意图在口头交流中一般具有“独霸”的地位。但是在文字文本中却变得孱弱起来,很多时候会被多义、歧义、误解等击败,这也便给了理解者更多的诠释空间。因此,对文本的理解多是一种协商、诠释的结果——于多重意蕴之间选择一种意义。对文本的翻译更是如此,译者在多种翻译的可能性之中选择一种诠释出来。这种诠释和选择是立基于原文的语言事实,并考虑到文化、读者接受等多种因素作出的。

其实,中国古代文化(尤其是中国古代科技文化)的发展和延续主要依赖历代学者的诠释,否则这些优秀的人类文明就消弭在久远的古代了。张一兵(2016:7-8)尤其强调诠释在中国传统文化延续和发展中极其重要的作用,"中国传统文化,特别是中国几千年来的汉文化存在或者延续的方式,按照我们今天的话来说,基本上是一个文本学诠释和伸展的过程。我们可以看到,在春秋战国时期大批原创性的东西出现以后,几千年来中国学术的传承,都采取了一个学者与文本的诠释学的关系,或者叫诠释存在论的关系"。

中国科技典籍文本在语言方面与当代科技文本有着巨大差异。文本属性主要取决于文本类型,文本类型对于翻译实践有着极为重要的制约作用。凯瑟琳娜·赖斯(Katharina Reiss)(2004:16-26)认为,文本类型(text type)对于翻译过程、翻译评估与翻译批评至关重要。在结合前人关于文本类型研究成果的基础上,她将文本分为三种:信息型文本(informative)、情感型文本(expressive)和操作型文本(operative),见表5.1。

表 5.1　Reiss 关于文本类型的划分(2004:26)

language function	representation	expression	persuasion
language dimension	logic	esthetics	dialogue
text type	content-focused (informative)	form-focused (expressive)	appeal-focused (operative)

这一文本类型分类对于翻译实践和翻译研究有一定的指导作用和启发意义,但却受到很多质疑,因为许多文本具有不只一种特征,中国古代科技文本更是如此。以《黄帝内经》为例,该经典作品既有信息性和说服性,又具有文学性。如《黄帝内经·素问》之"平人气象论篇第十八"有云:"夫平心脉来,累累如连珠,如循琅玕,曰心平,夏以胃气为本。病心脉来,

喘喘连属，其中微曲，曰心病。死心脉来，前曲后居，如操带钩，曰心死。平肺脉来，厌厌聂聂，如落榆荚，曰肺平，秋以胃气为本。病肺脉来，不上不下，如循鸡羽，曰肺病。死肺脉来，如物之浮，如风吹毛，曰肺死。”此段选文告诉读者如何“以脉把病”，告知读者把脉信息的同时，又含逻辑之法，更具文采之长。因此，有必要考察中国科技典籍文本的性质，并由此探讨译者翻译过程中的诠释努力。

如前文所述，中国科技典籍的本体属性殊异于当代科技文本属性，这种属性同样也反映在其文本性质中。除此之外，中国科技典籍文本在语言特征、思维方式、科学方法等方面也与当代科技文本有很大差异。这些极具差异性的特征为翻译带来困难，也为译者预留了更多的诠释空间。

5.3.1 中国科技典籍文本特征

从文本的语言特征研究中国科技典籍主要源于语言与认识的密切关系。人类的认识离不开语言，语言是人们理解和认识事物的工具和载体。人们不会凭空就对事物产生认识。相反，认识既要建立在以往由语言写就的各种知识的书籍之中，又要通过语言进行思维和思考、判断、推理、证明等，从而产生新的认识。认识的主要形式就是理解，而“理解的实现方式乃是事物本身得以语言表达，因此对事物的理解必然通过语言的形式而产生，或者说，语言就是理解得以完成的形式”（洪汉鼎，2010：译者序Ⅺ）。伽达默尔（2010：547）认为，一切理解多是通过语言的媒介而进行的。同时，语言和理解之间的本质关系首先是以这种方式来表示的，即传承物的本质就在于通过语言的媒介而存在，因此，最好的解释对象就是具有语言性质的东西。

语言既是科技得以实现的工具，因为需要对科技进行描述和解释，又能影响，甚至决定科技的方式。如尚杰（2014：96）对“以西方语言讲述中国思想”所质疑的那样，“当我们以西化的语言去叙述中国思想时，究竟在多大程度上还是‘中国思想’”。这种观点虽有些过于突出语言在思想描述——当然也包括科技描述时的作用，但是却深刻说明语言在这一过程中的作用不容小觑。中国科技典籍英译是跨语言、跨文化、跨科学范式的一种交流与诠释。不同的语言、文化与范式共同形成了一种具有阻遏作用的合力，构成阻碍中西科技文化顺畅交流的不可通约性。“不可通约往往是指语言的不可通约，不可通约必然涉及翻译问题。”(牛秋业，2010：2)在库恩看来，科学范式的不可通约主要来自两方面：语言的不可译性和理论的不可比性(同上)。翻译和诠释既可以呈现这种不可通约性，也可以疏通某些障碍，进而有利于两种科技语言、科技文化与科技范式之间的沟通和交流。其实，正是翻译和诠释的有益协调，才使得两种不同的科技文化在人类漫长的历史长河中逐渐被理解与化约。因此，从中国科技典籍自身的语言性来描述、解释其特点，对于诠释中国科技典籍及其翻译有着十分重要的意义。

就科技而言，人的认识更能体现这种语言性。“从认识与语言的关系来看，所谓认识就是人运用语言符号这个工具对客体世界进行区分、命名、判断、推理的思维过程。”(邱鸿钟，2011：19)其实，自然语言本来就存在一些特征，如“不严密、多歧义、具有隐喻性；自然语言的种类太多，翻译、沟通困难，语义保真性差”(黄小寒，2002：234)。中国科技典籍文本在以上诸方面的特点更为明显。下文将对中国科技典籍文本从多义性和修辞性这两个方面展开论述。

5.3.1.1 多义性

同其他类型的中国古代文本一样，中国科技典籍文本以古代汉语写成，具有很强的多义性。造成多义性的原因是多方面的。首先，是由中国古代文字的特质所致，体现在字词、句法、语篇等层面。古代汉语一字多义和通假字现象较多，给读者的多样化理解预留了较大的诠释空间。余光中(2014：5－6)对古代汉语的特征有过描述，并将之与西方语言对比。他说：“中国文法的弹性和韧性是独特的，主词往往可以省略……甚至动词也可以不要……在西洋文法上不可或缺的冠词、前置词、代名词、连系词等等，往往都可以付诸阙如。”在将古代汉语译为英语时，很多时候，原文中的主语、谓语动词、宾语等在形式上是缺位的，需要译者补全，这更增加了翻译过程中译者诠释的弹性。同时,古代汉语没有句读,不同的读者依据自己的理解会有不同的解释。其次,同现代汉语以及欧美语言相比,古代汉语大都十分简洁含蓄,“意在言外”“得意忘言”“知者不言,言者不知”都是中国古代写作的特点。再次,“由于受时空的限制,古典文学多古音、古义、古字,而古语、借字也屡见不鲜,解读本来就不容易。再加上流传的过程,不知经过多少次传钞、刻版与排印,每经过一人之手,就可能会产生一些错误,长期累积下来,往往鲁鱼亥实,俯拾皆是。这对读者的阅读,真是造成莫大的障碍”(庄雅洲,2008:93)。最后,中国古代科技多受《周易》、道教、佛教、儒家思想、墨家思想等的影响,如《黄帝内经》之“阴中有阳”“阳中有阴”“阳中有阳”“阴中有阴”来自《周易》之“阳卦多阴,阴卦多阳”(江国樑,1990:32)。这些古代思想本身就具有很强的多义性,是造成中国科技典籍文本多义性的又一因素。这种文本多义性为科技典籍的不同诠释埋下了伏笔。

就语内解释而言,中国科技典籍文本大都呈现出意义的多样性。《黄帝内经》的评注大家王冰在评价该书的语言风格时说,“其文简,其意博,其理奥,其趣深”。以简洁的文字表达宏博的意义,道理比较深奥,旨趣比较深邃。所以,这种文字必然给读者留有较多的想象空间和诠释余地。例如,《黄帝内经·素问》第二十六章“八正神明论篇”中有“黄帝问曰:用针之服,必有法焉,今何法何则?”此句大意为,黄帝向岐伯询问用针有何方法。其中关于“法”的解释,王冰和张介宾各有不同。前者解为“法,象也”,后者释为“法,方法”(参见王玉兴,2013:400)。

就语际阐释来看,情况更为复杂。《黄帝内经》两个英文版本的译者倪毛信(1995:XV)和伊尔扎·威斯(2002)都认为,在翻译该典籍作品时,最大的挑战在于,作品中的每个汉字和句子都具有多义性,同时中国的典籍大都看似无语法规律可循,又缺乏句读,所以古汉语的书写语言最适合表达哲学观点。由此不难看出,中国科技典籍在文本(这里主要涉及语言特征)方面极具特质,这也是造成此类文本翻译困难的主要原因之一。

5.3.1.2 修辞性

修辞是语言交流的重要手段之一，其英文是 rhetoric，源于希腊语 rhētōr，意为“说话者、言说者”。亚里士多德(2007:37)将修辞定义为“在任何情况下，能够找到可以用来说服方法的能力”。在亚里士多德看来，修辞的核心在于说服读者/听众。由此可知，修辞是用来说服、劝说听众的能力，此种能力有别于逻辑论证。《朗文当代英语辞典》(*Longman Dictionary of Contemporary English*)(2010:1500)关于“修辞”的解释是：说话或写作的艺术，以说服或影响他人为目的。修辞是语言的重要特征，是考察文本的主要参数之一。

本节将从修辞文本的角度考察中国科技典籍及其英译。修辞文本(rhetoric text)指那些运用某种特定表达手段而形成的具有某种特殊表达效果的言语作品(吴礼权，2002:34)。这个概念表明，修辞文本具有三个重要特征，即特定的表达方式、取得特殊效果，以及语言作品。

传统观点认为，科技文本的语言修辞性不强，因此，有关该类文本修辞性的研究较少。但是随着科学的不断发展，尤其是科学哲学的修辞学转向、语言学转向和解释学转向，学者们越来越关注科学技术文本的修辞特征。“20 世纪后期，不少哲学家和修辞学家开始了科学修辞学的研究，有的从自然科学案例入手，分析科学史上一些重大理论发现背后存在的修辞学思想；有的基于科学哲学的传统问题，寻求修辞学与科学推理、理论选择和逻辑性之间的内在联系。”(李小博、朱丽君，2006:76)这种研究主要源于以下事实，即科学研究的过程、方法和语言在一定意义上是修辞的，科学研究与技术实践中的语言符号的选择只有通过修辞学才能理解和解释，科学研究活动是一个修辞性交往的过程(同上)。

其实，修辞表达并非是文学作品的专利，科技文本亦使用多种不同的修辞手段，实现作者表达和论证的目的。I. A. 瑞恰慈(I. A. Richards)说过，“我们不用读完三句普通的流利的语句就会碰上一个隐喻。……即使在已经公认的严谨的科学语言之中，如果不花大力气也不能把它排除掉或防止使用它”(参见胡曙中，2004:361)。以隐喻为例，“隐喻存在于所有类型的语言中，绝非文学语言所独有，在科学、技术、商业、金融、法律等诸多领域都是隐喻丛生。……因为，隐喻不仅是语言现象，更重要的是思维现象”（叶子南，2013：21－22）。更为重要的原因在于，从认知隐喻的角度来看，隐喻的基础并不是由于客观物体之间的相似性，而是人类对外部世界的感知和体悟。最重要的是，修辞是语言的天性，“从远古到现代，从诗学、文学到哲学、文化乃至自然科学领域，人类无时无刻不在运用隐喻的方法，对它的认识和理解也在不断得以深化。……科学理论陈述中一些重要的核心概念往往都是隐喻性的，而且这些隐喻概念被科学家作为新的科学事实和概念前瞻性发现的重要工具而被使用”（郭贵春，2007：4－8）。因此，20世纪产生了一门学科——科学修辞学，其目的在于通过对科学研究对象及过程的哲学性修辞分析，揭示科学理论实体和知识形态的修辞学特征，阐明科学论述和文本的实质性内涵，从而表明科学解释的价值和科学修辞的意义（同上：105）。将其文本的修辞性特征剥离出去造成的后果是，这种解释是不全面的。

同现代科技文本语言相比，中国科技典籍文本修辞性更强。例如，《黄帝内经》经常采用多种修辞方式阐述医学思想和治疗方法，该书“除现今较为流行的比喻、比拟、借代、对偶等手法外，还广泛使用了诸如联珠、辟复、互文、讳饰等卓异修辞之法”（李照国，2011：69）。《淮南子》语义深奥，并且因为深受楚汉赋章法的影响，其文多用修辞之法。《墨子》一书虽然语言素朴，但是依然采用多种修辞方法进行说理，“尤其是比喻、排比、反复、对偶等几种修辞格的使用更为普遍”（郑侠、宋娇，2015：104）。

修辞文本需要诠释。首先，修辞与诠释具有同源性，它们都涉及语言的理解问题。瑞恰慈认为，“修辞学研究的主要领域是对误解及其纠正法的研究”（Richards，1936：3）。诠释学，尤其是一般诠释学，不止研究如何理解的问题，更关注如何实现正确的理解，尤其是避免错误的理解。其次，修辞性语言较之于一般语言更具有特殊性，原文作者借助不同的修辞手法使其表达能够实现修辞的目的。鉴于修辞性语言的特殊性，该类文本更需要读者和译者作出更多的诠释努力。“原作者创作时产生的一系列主观情感：审美心态、情感活动、灵感互动、感物起兴、心理意象，以及这一切产生的现实语境，除了有限的部分被书写固定下来，创作时的完整心境、当下心理现实及相当大部分的文化背景均已消失，只留下一个有待重新阐释的符号世界。作者与文本分离。译者解读时必须体认与弥合这种心理距离。”（龚光明，2012：62）最后，从广泛修辞学的观点看，修辞几乎蕴含了文本纹理的方方面面。因此，“对文本的解读其实就是诠释者在源文本施加的种种限制条件下产生出一个新文本的过程，亦即一个修辞过程”（刘亚猛，2006：27）。

5.3.2　中国科技典籍文本特征英译诠释

就其文本特征而言，中国科技典籍更具诠释性。中国古代汉语在其漫长久远的发展演变长河中，形成了丰富的诠释传统——训诂学。训诂的条例有形训、声训、义训；训诂的方式有互训、推原、义界；训诂的方法有据古训、破假借、辨字形、考异文、通语法、审文例（郭在贻，2005：1－2）。无论是一般的汉语典籍，还是具有专业内涵的科技典籍，都被其后代读者进行延绵不断的解读。如果说中国语言文化史就是一部训诂、注解、诠释史，应该是符合实际情形的。《周易》《论语》《道德经》《庄子》等典籍自不必说，中国科技典籍也是如此，就本研究涉及的语料而言，关于《墨子》较为著名的诠释研究当属孙诒让的《墨子间诂》。注释《黄帝内经》比较著名的有王冰、张介宾与杨上善。《淮南子》与《梦溪笔谈》也有较为系统的诠释性研究，如《淮南子》之《淮南子校注释》（陈一平）、《淮南子会考》（陈广忠）等，《梦溪笔谈》之《梦溪笔谈校正》（胡道静）等。

法国著名诠释学家利科（2015：148）将文本（texte）①定义为“所有通过文字（écriture）固定下来的话语（discours）”。根据这个定义，文本与索绪尔之言语（parole），是人们实际交往中的语言，不同于语言（langue），即文字符号与语法系统。这就表明，文本离不开语境，因为任何言语都产生于具体场景。因此，利科（2015：149）认为，在书写中读者是缺席的；在阅

① 有学者将利科的 texte 译为“本文”。

读中作者也是缺席的。文本在读者和作者之间制造了双重的遮蔽;正是通过这种方式,文本取代了把一方的声音与另一方的听觉直接连接在一起的对话关系。读者、作者的缺席造成了对话的非直接性,即“问—答”的时间的延迟性。换言之,这种延迟过程中,对话中的对话者、场景、周围环境和话语氛围、对话双方的相互了解等统统缺席。因此,便出现了读者与文本之间的间距,读者与作者之间的间距。故此,对于一个词、一句话、一段文字的理解就不具有唯一性,而是指向多种语义可能,因为原来话语与世界之间锚定的关系不存在了,或者至少可以说不那么明显了,不同的读者便有了不同的理解和诠释。

鉴于以上诸多因素,完全返回到作者意向和作者原意的尝试很多时候都是徒劳的。“在更广泛的意义上说,文本要求被建构是因为它并不是由一种以平等的方式被排列,而且又各自可理解的句子简单连续组成的。一个文本是一个整体,一个全体。整体与部分之间的关系——就像在艺术作品或者动物中——需要一种特别类型的‘判断力’。”(利科,2015:218)在此建构过程中,有效并不等同于证实。有效与证实之间具有协商的关系。其实,一般而言,证实是比较困难的,原因有多方面,如原作者的原意已无法找寻,并且语言的多义性也会使这种证实更加困难。读者自身阅读时的主体性感受就更加剧了这种困难。在此情况下,读者的阅读多是对原作文本之意的重构。

在证实失去可能性之后,文本之意的建构主要依赖读者的诠释。但是这种诠释并非是随意的、天马行空的胡乱想象,其诠释必须保证有效性。一方面,并不是每个字词、每个句子都需要诠释,只有在可能出现误解之处以及较难理解之处才有可能需要诠释的介入。另一方面,一种具体的语言有其大致的恒定性,同一语言共同体(Language Community)内的成员对其共有的语言的理解绝大多数时候是一致的,否则人类的正常交流就无法进行。

5.3.2.1 中国科技典籍多义性特征英译诠释

如前文所示,中国科技典籍多义性特征比较明显,其文本的诠释性也因此较强。翻译此类文本，译者在理解原文和用另一种语言进行表达时更易呈现出多种诠释的倾向。本小节将结合中国科技典籍英译的具体案例呈现这种特征，并据此探究译者如何通过诠释在译入语语言和文化之境重构意义。原文的多义性为译者的多种诠释埋下伏笔，译者通过诠释重构整体意义。

例20 黄帝问曰：春脉如弦，何如而弦？岐伯对曰：春脉者肝也，东方木也，万物之所以始生也，故其气来，软弱轻虚而滑，端直以长，故曰弦。(《黄帝内经·素问》之“玉机真脏论篇第十九”)

李照国译： Huangdi asked, “The pulse in spring is Xian (taut or wiry). What does it mean?” Qibo answered, “The pulse in spring is related to the liver which pertains to the east [in the five directions] and wood [in the Five-Elements]. [Since spring is the period in which] all the things in nature begin to grow, the pulse [in spring] appears soft, weak, slippery, straight and long. That is why it is called Xian (taut or wiry).” (2005: 241)

文树德译： Huang Di asked: “In spring, the [movement in the] vessels resembles a string. How can it be string [-like]?” Qi Bo responded: “In spring the [movement in the] vessels is a liver [movement]. The East is wood; this is whereby the myriad beings come to life first. Hence, when this qi comes, it is soft, weak, light, depleted, and smooth. It is straight and extended. Hence, it is called ‘string[-like]’. (2011: 323)

此段主要是岐伯回答“何为弦脉”。针对“春脉”，两位译者的诠释充分显示出原文的多义性。原文仅有区区两个字，看似十分简单，然而正是这种简洁性凸显了古代汉语的多义性。在此情形下，译者诠释的客观性依据就会更少，相应地反映作者当时当地情景的证据也就越少。但译者主观诠释的可能性与潜在性却增大了。李译“The pulse in spring”，意为“春天之脉”；文译“In spring the [movement in the] vessels”，可直译为“春天，血管内的运动”。前者为名词，呈静态之姿；后者虽是名词，相比较而言，movement 却有动态之意。

两个译本对“故其气来”的诠释亦表现出原文较大的多义性，译文分别为“the pulse [in spring] appears”和“Hence, when this qi comes”。前者将其译为“春脉出现”，后者紧贴原文。虽然有异，然而他们都在自己的译文中构筑意义。这种诠释性建构具有整体性，既确保意义的完整性，又保证诠释的有效性。就李译来看，“春脉”是一种弦(紧绷的铁丝)，与肝脏相关。春天万物开始生长，所以“春脉”柔弱、光滑、直且长。译者最后再次指出，这便是它被称为弦的缘故。就文译看，春天，血管内的运动就像弦/线/绳一般，为何？因为它是肝脏的运动，时值万物复苏之际，所以这种“气”出现时，多柔弱、轻而虚、光而滑、直而长，像弦/线/绳一样。这两种诠释都实现了自身意义的重建。

例 21 知，接也。知，知也者以其知过物而能貌之，若见。(《墨子》之“经说上”)

约翰斯顿译：C：Knowing is contacting. E：Knowing. With regard to knowing, it is through one's knowing [capacity] “passing” a thing that one is able to form an impression of it (describe it). It is like seeing. (2010：376)

李绍崑译[①]：[C] Chihism (Wisdom)：the illumination. [E] Chihism：through intelligence, one penetrates the object and his knowledge of it is apparent (like enlightenment of sight). (2009：185)

汪、王译：Human intelligence is wisdom. (2006：315)

Cognition：Cognition is a man's mental activity of seeking rational knowledge with human intelligence, but he will not necessarily find it.

① [C]为 cannon 的首字母缩写，即“经”，[E]为 explanation 的首字母缩写，即“经说”。

It is just like a sidelong glance, with which one will not necessarily catch the whole picture of an object. (2006: 347)

选文讲解何为知、如何获得知。孙诒让(2001:309)认为,“知”意为“此言知觉之知”。在墨子看来,知觉来自人与事物的接触。原文比较简洁,其意义也就可能具有不确定性,也因此增强了其多义性。其中的“知”“接”“过”“貌”“明”等词都可有多种解释,译者在翻译时亦可做多种解读。三家译文对“知”的翻译差异较大。约翰斯顿将其译为 knowing,即“知道”,使用 know 的动名词形式,偏重于动作和过程;李绍崑的译文为 chihism/wisdom,注音加翻译,字面意思为“智慧”,这是一种重构式的诠释方法;汪榕培、王宏两位的译文为 cognition,依据孙诒让的解释,该译文更接近原意。造成这种翻译差异性的主要原因之一是原文的多义性。

以上译文虽差异较大,但是它们都能在整体上构筑其完整意义。约翰斯顿在译文中加了说明(comment),借鉴葛瑞汉[①]、孙诒让、姜宝昌[②]、周才珠与齐瑞端[③]关于该文的注解,对“知”“接”“过”“貌”等做了说明,构建译文的诠释空间,增进读者的理解。例如,他引用了姜宝昌关于“貌”的解释,将其译为 describe,并借鉴周才珠与齐瑞端的注解加以印证。其译文可回译为:人接触事物,就是通过“接住”,才能对该物体有个印象,或者描述之。这种认识的获得与赫拉克利特的古典认识较为一致。赫拉克利特认为,认识真理的途径首先是感觉,然后这种感觉再上升到思想,思想才能达到本原的认识,才能达到真理(参见张恩慈,1986:5)。认识犹如看到。李绍崑采用“注音+释义”的方法翻译“知”Chihism (Wisdom),诠释“知”为照亮、阐明,使用知识,人类就可以洞察事物,这种知识的获得犹如被光照亮一般。在三种译文中,汪榕培、王宏译本所用笔墨最多,译本以周才珠与齐瑞端的《墨子全译》为底本,将“知”诠释为:知,是一种心理活

① 葛瑞汉著有《墨子后期逻辑、伦理与科学》(*Later Mohist Logic, Ethics and Science*, Hong Kong: The Chinese University of Hong Kong Press, 1978)一书。

② 姜宝昌著有《墨经训释》(济南:齐鲁书社,1993)。

③ 周才珠、齐瑞端著有《墨子全译》(贵阳:贵州人民出版社,2009)。

动，旨在用人类的智力找寻理性的知识，但不一定能寻到，恰如侧目而视，不一定能窥见物体全貌。

例 22 乃命大酋，秫稻必齐，曲蘖必时，湛熺必洁，水泉必香，陶器必良，火齐必得，无有差忒。（《淮南子》之“时则训”）

翟、牟译： Then Da You, the chief-official in charge of brewing wine for the court, is ordered to supervise the manufacture of wine to ensure both broomcorn and rice are well prepared, yeast powder and malt are of high quality, marinating and cooking are done with clean vessels, only fresh spring water and the best pottery is used, and the duration and degree of heating is suitable. The whole working procedure must be done without any mistakes. (2010: 329)

梅杰等译： [He] also issues orders to the Master Brewer, [saying that] the glutinous millet and rice must be uniform [in quality]; the yeast cakes must be ready; the soaking and cooking must be done under conditions of cleanliness; and the water must be fragrant. The earthenware vessels must be of excellent quality, and the fire must be properly regulated. There must be no discrepancy or error [in these things]. (2010: 197 - 198)

《淮南子》富含科技思想，此处原文讲述了我国古代的发酵技术涉及制酒的六个要素：备好秫和稻谷，适时投放酒曲，清洁蒸煮器具，保持酿酒用水清香，甄选精良陶具，火候恰到好处。原文的多义性在这两个译本中体现较为明显。“秫稻必齐”，两家的译文分别为 both broomcorn and rice are well prepared 和 the glutinous millet and rice must be uniform [in quality]，翟、牟译将“必齐”诠释为准备好，而梅杰等译为在质量方面一致。两者诠释的出入较大，这是由于汉语“齐”具有多义性，既可以理解为“完备”，又可以理解为“一致”。在翻译“曲蘖必时”时，两个译本的差异主要在对“时”的处理上。翟、牟译为 are of high quality，梅杰等译为 be ready。一为“质量上乘”，一为“备好”。陈一平(1994:279)将“曲蘖必时”释为“适时”。

在翻译中国科技典籍的过程中，译者面临的主要问题之一就是原文的多义性，这更增加了译文的多样性。译者在翻译时，多会借鉴别人对原文的注解、诠释、训诂，并尽力在译文中构建完整的意义。

5.3.2.2　中国科技典籍修辞特征英译诠释

中国科技典籍文本中的修辞表达俯拾皆是。这些修辞用法使文本表达形象生动，更易于为读者理解，并能增强读者阅读时的享受。但同时也加大了阅读难度，且易造成不同的阅读体验。译者在翻译此类文本时，既要准确理解原文本中的修辞用法，又要将这种理解用英语语言表达出来。中国科技典籍文本中的修辞表达翻译为英语的过程涉及两种诠释：译者对原作的理解和诠释，译者对英语表达的诠释。另外，英、汉两种语言文化中的修辞方式既有相同之处，如都有隐喻、借代、讽喻、夸张、双关、排比等，亦有相异之处，恐怕更多的还是差异。译者如何诠释和翻译原作中的修辞用法，成为能否成功翻译此类文本的关键。

文本中修辞的运用，其任务在于如何有效地使用语言以实现交际目的。对于中国科技典籍文本中修辞格的理解、诠释和翻译需要考虑多种因素。“根据修辞的情景选用恰当的语言表达方式。影响语言选择的因素多种多样，主要涉及说话者—信息—受话者之间的互动关系。总体而言，决定修辞选择的要素有场合、题材、目的、对象。”(胡曙中，2004:6)这些因素同样也影响译者的诠释活动。

(1) 中国科技典籍修辞英译——语境制约下的诠释

修辞表达是一种特殊的语言符号。根据皮尔斯(C. S. Pierce)的观点，符号由“符号代表物”“对象”和“解释项”构成(2014:31)。因此，符号的意义“不是客观事物的反映，是人对客观事物的认知的结果”(郭鸿，2008:95)，是解释者结合语境理解的结果。因此，在对原作中的修辞进行翻译和诠释时，译者不可避免地要考虑语境因素。刘宓庆(2007:332)从哲学的角度对“意义与语境的关系”作了一番梳理后发现语言符号意义由语境决定,并将这种结论引入翻译研究。他认为,词语的适境即特定的意义适应于特定的语境,是双语意义转换的最基本要求,语境使意义从模糊、游移、不确定进入精确、清晰、确定的固定因素;语境分为语言语境(词语搭配)和非语言语境(文本题材、主题、文本文化、社会历史背景)。

实际上,任何理解和翻译都是一种语境化的诠释,张一兵(2016:69-70)称之为"文本的解释情境",他批评一种错误的历史观时说,"历史研究过程是我们面对历史事实,真实地、客观地还原历史的过程,却不知这完全是个假象"。翻译实践和翻译批评也同样存在如实地再现原文的幻象。同时,"语言结构是一个纯抽象的实体,一种超越个人的规范,一种基本类型的集合,它们被言语以无穷无尽的方式实现着"(参见巴尔特,2008:5)。语言结构与言语的关系是一与多的关系,译者需要从这诸种"多"的关系中廓清一种他/她认为正确恰当的理解和解释。这个廓清的过程很大程度上取决于语境因素。更重要的原因在于,理解和解释具有历史性和历时性,这种历史性不只受读者/译者过去知识、经历等的影响,更与其当时、当下的阅读境遇有关。科学修辞的"语境化特征是修辞语形、语义和语用的统一"(郭贵春,2007:22)。

修辞的理解能否实现,取决于多种语境因素。当然,理解和诠释修辞也要依赖这些语境因素。根据张弓(1963:3),制约修辞的语境因素主要包括说话时的情景、时间地点、自然景物、说话人和读者/听众之间的关系、上下文关系。修辞表达比一般语言对语境更具有敏感性,因为它需要译者/诠释者能结合语境,敏锐地捕捉其表达的修辞意义,并能将这种意义翻译/诠释给读者。

例23 厥阴之脉令人腰痛,腰中如张弓弩弦。刺厥阴之脉,在腨踵鱼腹之外,循之累累然,乃刺之。(《黄帝内经·素问》之"刺腰痛")

李照国译: Lumbago due to [the disorder of] Jueyin Channel makes the waist stiff like a drawn bow. [It can be treated by] needling Ligou (LR5) outside the prominence between the calf (of the leg) and the heel where it feels like being clustered. (2005：497)

文树德译： When it is the vessel of the ceasing yin that lets a person's lower back ache, [then the patient has a feeling] in the lower back as if a string of a bow or crossbow was pulled.[12] Pierce the vessel of the ceasing yin [vessel] outside [the region of] calf and heel [i. e., outside of] the fish belly. (2011：615)

厥阴之脉令人腰痛时的样子，原文比喻为如拉开的弓，这一比喻极能表达病人腰部的疼痛和拘挛紧绷之状，暗喻"在腨踵鱼腹之外"把脚跟和小腿肚之间的部位比作鱼腹。

李照国译本将"腰中如张弓弩弦"译为 the waist stiff like a drawn bow，意为"腰部僵硬犹如拉开的弓"。李译结合语境，将这种疼痛理解为或具化为"僵硬得像拉开的弓一样"。文树德译为[then the patient has a feeling] in the lower back as if a string of a bow or crossbow was pulled，并加了注解。译者结合王冰的阐释进行诠释，依据另一种形式的语境，即前人注解构建的语境，将原句诠释为"病人腰部疼痛的感觉有如一根弓弦被拉开"。虽说两位译者都译出了比喻表达，译文却是有差别的：前者将其理解为腰部僵硬得像一个拉开的弓，主要是从"形状"的角度审视；后者理解为病者的疼痛犹如拉开的弓，是从"感觉"的角度切入。这正体现了语境对诠释的制约作用。

(2) 中国科技典籍修辞英译：从认知建构到认知诠释

修辞性语言是中国科技典籍常用的表达手段之一，这种表达方式有助于作者说理达意、说服读者，更有助于读者的理解。"言为心声"，原文既是作者的心声，也是作者心理活动的具体映现。相较于一般语言(如日常用语)，修辞性语言极富特色，更能体现作者的心理活动。以隐喻为例，隐喻辞格是说话者将"物体 A"的意象投射(mapping)到"物体 B"上，相对而言，"物体 B"更为读者熟悉，"物体 A"也因此变得易于为读者理解和接受。

在翻译中国科技典籍中的修辞表达时，译者极有可能面临的一个难点是,如何在译文中再现/重构/改变/删除这种修辞用法。由于汉、英两种语言文化在修辞表达方面存在巨大差异,译者面临的困难会进一步加大。一般而言,一种语言中的修辞意象较难在另一种语言中找到对应的意象,原文中修辞格的内涵较难传达到目的语语言中,译文多是对原文辞格的认知心理的再解读、再诠释和再建构。另外,译文读者对于该类修辞格的理解和解读也要涉及修辞格的再次心理建构。虽然很难再现读者对于译文辞格解读的心理认知过程,但是在翻译过程中,译者多会考虑读者因素,比如读者的阅读预期、文化认同、接受情况等。译者对于修辞格的翻译其实就是辞格的再次建构。因此,从认知的视角可以考察译者对原文中修辞格的诠释方式。

语言最本质的特征之一就是其符号性,所以语言具有很强的象征性。根据利科的观点,"象征指向了双重意义的领域并构成了双重意义的表达。这种双重意义表达预设了一个原初意义,以此为基础,象征的意义也能被揭示,它不必被强行加入已经被普遍接受的文化意义中"(参见姚满林,2014:83)。语言具有双重意义,即原初意义和象征意义,前者具有普遍性和强制性,后者不具有普遍性和强制性,而是更多地具有个体性和语境性。文本原先就存在间距化,即原作者与读者的间距化,在翻译事件中,又多了一重——译者与译文读者的间距化,虽然伽达默尔视这种间距化为作者与读者的疏远,但是利科"从中看到了积极的方面,他认为间距化恰恰是一种解放,是意义的创生"(汪堂家,2013:31)。不同于口头文本,书面文本在与读者的接触过程中,其意义被延宕和悬置,这种间距、延宕和悬置为读者的诠释提供了很大的空间,为意义的创生带来诸多机遇和可能。在翻译过程中,这种意义的创生多是译者以原作为蓝本,在其心理上的意义再建构与再诠释。

就隐喻的解读和诠释而言,它是受喻者对隐喻的心理诠释,须对施喻者在隐喻中建构的意向进行解读和阐释,因为,"任何隐喻都隐含着施喻者对某一特定事物的一种认知心理阐释,是自己对某一特定客观事物的一种认知心理投射。隐喻的使用,其触发机制就是出于表达的需要,是施喻者这一认知主体对包括物质世界和精神世界在内的客观世界诸种事物的认识、理解和阐释”(王文斌,2007:95)。所以,对隐喻的翻译多是译者心理的再次诠释与建构。

例 24　五脏之气,故色见青如草兹者死,黄如枳实者死,黑如炲者死,赤如衃血者死,白如枯骨者死,此五色之见死也。(《黄帝内经·素问》之“五脏生成篇”)

李照国译: The countenance as blue as dead grass [is a] fatal [sign], [the countenance] as yellow as the seed of the trifoliate orange [is a] fatal [sign], [the countenance] as black as bituminous coal ash [is a] fatal [sign], [the countenance] as red as stagnated blood [is a] fatal [sign], and [the countenance] as white as dead bones [is a] fatal [sign]. These [are the fatal conditions] signified by the five colors. (2005:137)

文树德译: Hence, if the complexion appears green-blue like young grasses, death [is imminent]; yellow like hovenia-fruit, death [is imminent]; black like soot, death [is imminent]; red like rotten blood, death [is imminent]; white like withered bones, death [is imminent]; This is how death is visible in the five complexions. (2011: 188)

原文论述患者面部色泽变化与五脏盛衰的关系,并借用与面部颜色相关的隐喻辞格描述不同症状患者的面部情况,医生可以凭借此等颜色诊断患者五脏的健康状况。作者采用了“近取诸身,远取诸物”的方式描述患者的面部情形,增加了原文的生动性和形象性,使读者更易感知其描述的内容。

原文中,“故色见青如草兹者死”之“青如草兹”形容患者的面部颜色,李照国译为 as blue as dead grass,译者结合自己的理解,将其描绘成“蓝如枯草”;而文树德译为 green-blue like young grasses,即“犹如小草般的青色”，译者依据的是王冰的注解“兹，滋也，言如草初生之青色也”[1]。两位译者对原文的心理建构完全不同，甚至相反，一为枯草，一为初生之草。面对原作之“草兹”，译者李照国认为，既然病者的五脏为死者之象，故应为枯草之色，或死草之色。无论如何，不能为嫩草之郁郁葱葱之色。这种心理建构和诠释主要源于译者自己的经历和百科知识。而文树德结合前人注解在心理上将其诠释为“嫩草”，这种心理建构较之前者虽然稍显被动，但是亦为译者的主动建构与阐释。另外，“赤如衃血”分别被译为 as red as stagnated blood 和 red like rotten blood，李照国结合其习医经历，认为衰败的脏腑之血应为不好的血，故在心理上将“衃血”理解为“瘀血”，而文树德根据王冰的注释将“衃血”阐释为“凝固的血”，或“发黑的红色”。

例 25 黄道与月道如二环相叠而小差，凡日月同在一度相遇则日为之食，正一度相对则月为之亏。(《梦溪笔谈》之“象数一”)

王、赵译：The ecliptic and the moon's orbit are like two rings, which seem to overlap but are split apart and intersect only occasionally. When the sun and the moon meet in the same circle of longitude, the solar eclipse is likely to occur. When they are in the opposite positions in the same circle of longitude, the lunar eclipse is likely to occur. (2008: 19)

此文乃作者讲解天文历法之日食、月食的工作原理。为了更加形象生动地描述黄道与月道变化交替的过程，作者使用了比喻手法将二者分别喻为两个环，二者互相重叠而又稍稍错开。若日月在同一黄道经度相遇则出现日食，若二者在同一经度内相对，则出现月食。这种比喻辞格可

---

[1] 李磊(1985:41)考察了不同学者，如王冰、马元台、张介宾、张志聪、高士宗等对“草兹”的解释，并结合《尔雅·释器》关于“兹草”的解释“兹者，蓐席也”，认为“青如草兹者”言病者面部色如枯败之草。进而指出，“王冰不识，以滋作释，后世或因承之，或曲为之解、误矣”。

以使读者更好地理解原作。译者在译文中通过采用比喻之法“are like two rings, which seem to overlap but are split apart and intersect only occasionally”诠释原文的“如二环相叠而小差”，在译文中再造原作的意象：犹如两环，似重合，但却分开，仅偶尔交错。译者以“二环”为其诠释的核心，构建二者之间的关系，并以此为基础展开讲述，“When the sun and the moon meet in the same circle of longitude, the solar eclipse is likely to occur”，若太阳和月亮在同一经度相遇则为日食，若两星体在同一经度相对则为月食。

5.4　中国科技典籍英译诠释的主体

本节将从认识主体诠释的角度考察中国科技典籍翻译，研究基于这样一种认识：认识主体是意义的感知者和理解者，译者是原文的理解者和诠释者。这是因为，“‘意义之源’并不是意义本身，它只表明了意义的可能存在，意义必须展现出来。这个展现过程就是理解”（潘德荣，2015：89）。意义不会自己如其所是地呈现它本身，意义只能在这种“展现过程”中逐渐展现出来。这也正是海德格尔所谓的“被抛”，即人的理解一旦开始，即进入一种“被抛状态”。另外，这种意义的展示、显现，或某个方面的凸显，甚或所谓作者的意图等，绝不可能靠文字本身而自明，整个理解事件的方方面面，小到字词，或是标点符号，大到整篇文本的意义，从读者的眼睛接触文本文字那一刻起，到读者的理解任务完成，无一不是读者个人的思维在起作用，是读者的主体性在起作用。文字符号与其代表的实际蕴涵之间没有必然的联系，正如奥格登（C. K. Ogden）与瑞恰慈（1923：211）所言，“符号的复杂性和所指的复杂性之间没有严格的对应关系”。在阅读过程中，读者要寻到文本的意义，也只能努力发现二者之间的关系。任何翻译实践都是译者主体性的具体体现，因为“任何翻译都势必涉及一定程度的主观诠释”（Reiss, 2004：13）。中国科技典籍翻译尤其如此，这类文本具有不同于一般现代科技文本的特征。因此，在翻译此类文本时，译者很少能够在目的语中找到与原文对应的对等词，其主体性体现得更为充分和明显。

本节主要借鉴诠释学之“前见”“视域融合”等理论考察译者在翻译中国科技典籍时，其“前见”和“视域”是如何影响译文的，即如何影响译者对原文的诠释。

任何理解都不是凭空进行的，读者需有一定的理解的基础。理解大都建立在读者的前期知识储备基础之上。读者的前期相关知识与读者当下的阅读心理发生作用，便产生了读者对一个文本的理解和诠释。在诠释学的视域下，这种前期知识储备被称为前见。前见是诠释学的核心概念之一，无论是传统诠释学还是当代诠释学，都将前见作为影响理解和诠释的重要因素。前见属于作者阅读之前就已具有的知识储备，于阅读、理解、诠释而言，具有主观性，但又是人人具有的，否则这一活动便无从进行。那么到底什么是前见呢？陈海飞(2005:222)关于这个概念的界定比较详尽，他认为，前见即已有之见，又称之为先见、偏见、前理解，从具体内容的构成上看，指称一切构成理解主体的精神因素，即语言、记忆、动机、价值观、知识、经验、情感、世界观、方法论、思维方法等，是指构成理解者存在的种种历史条件。

然而，由于受拉丁文 praeiudicium(意为“损害、不利、损失”)的影响，“前见”一词的德文(Vorurteil)、法文(préjudice)和英文(prejudice)都具有否定性的意蕴，多可理解为汉语的“偏见”。传统诠释学多受此影响，将前见视为影响读者理解原文的不利因素，因为这种诠释学观点视百分之百理解原作的意义为理解和解释的圭臬。在此视域下，前见很容易被看作理解原文的绊脚石，作者原意与读者前见之间的冲突会影响读者对原作的理解。

不过，随着诠释学的发展，在海德格尔的“此在诠释学”和伽达默尔“哲学诠释学”那里，这种前见被视为阅读活动正常进行所必需的。在海德格尔(2015:190)看来，“把某某东西作为某某东西加以解释，这在本质上是通过先行具有、先行视见与先行掌握来起作用的。解释从来不是对先行给定的东西作的无前提的把握。……任何解释工作之初都必然有这种先入之见，它作为随着解释就已经‘设定了的’东西是先行给定的”。伽达默尔则走得更远，他(2010:384)指出，前见(Vorurteil)“其实并不意味着一种错误的判断。它的概念包含它可以具有肯定的和否定的价值”。汉语的“前见”意义与此较为相仿，无多少褒贬色彩，只为描述读者在阅读之前就具有的知识判断、思想观点等。任何人在阅读时都具有前见，不可能是一张白板。如果无任何文化知识以及与文本内容相关的知识，读者是无法进行阅读的，更谈不上理解原作和解释原作。这种前见在读者阅读时会与原作发生作用，至于这种作用是正面的还是负面的，要视具体情况而定，有的促进阅读的进行，有的会起阻碍作用。

理解和解释都具有主观性，即任何对文本的理解都有读者自己主观诠释的成分。理解既受制于前理解，也深受历史性的影响。“理解总是从前见出发的理解，因此，理解必然具有主观性。这里，主观性包括两层基本含义：一层含义是说理解是一种主观的活动，具有主观的形式，属于人的思维、精神活动；另一层含义是说，任何理解总是从特定的个人前理解出发的理解，因此，理解总是带有理解者个人的主观性的成分。”(陈海飞，2005:279)这种前理解与当下的阅读发生作用，“在理解过程中，解释者不断地考察他的前结构内的预期意义，以便发现这些前结构是否基于事物本身”(洪汉鼎，2010:500)。读者会考虑文本在其原有前理解中的知识是否符合当下语境，并进行必要的调适，最终达到读者认为比较合理的理解和诠释。另外，理解和诠释也与历史性有关，帕尔默(2012:21)认为，理解一部作品不是一种逃避生存而遁入概念世界的科学一类的知识，而是一场历史的际会，它唤起了在这个世界中于此处存在的个人经验。

结合对伽达默尔诠释学的综合考察，美国学者乔治娅·沃恩克(Georgia Warnke)(2009:90)认为，“任何理解都是受境遇制约的理解”，这种境遇性击碎了对艺术作品(包括文本解读)具有浪漫主义色彩的模仿论和还原论的幻梦。对中国科技典籍的翻译更是如此。译者的诠释既受与其本身相关事件的影响，也受译者本人兴趣和关注点的制约。更由于时代、语言、文化、社会等诸多方面的差异，译者对中国科技典籍的翻译便因此具有较强的主观性、主体性和创造性。这种主体性主要体现在以下方面:前理解、主体间性,以及视域融合等。

需要说明的是,诠释的主体性绝非任意的胡乱解释,译者必须保证其有效性,即是说,译文的最终产生必然受制于许多因素,例如某一学科内部的自身规律特征,译者的诠释不可能逾越或违背该学科的本质和发展特征。另外,读者的预期也是防止译者任意诠释的关键要素。译者在翻译时,心中都会有个读者,会考虑读者会怎么想,读者能否接受。最后,出版社同样对译者的诠释起到调控作用,应该说,出版社是译文在定稿之前最后的把关者。

5.4.1 前理解:中国科技典籍英译诠释的前提

中国科技典籍英译是一个更深刻理解与诠释的过程。与一般翻译过程相比,这个过程更为复杂,既包括从汉语到英语的转换,更包括从古代汉语到现代汉语的理解和诠释。在此二度转译/释过程中,译者的前理解起着十分重要的作用。帕尔默(Palmer, 2012:41)也认为,主体的某种前理解是必要的,否则将不会发生交流。

翻译过程是一个介于忠实于原文与再创造之间的杂合体,换言之,任何翻译作品绝不是纯粹的(极端的)忠实于原文,也不是百分之百的(极端的)创造,都是介于这两者之间,或趋向于前者,或趋向于后者,只是程度的不同。谢天振(2011:209)认为,"无论是文学翻译还是非文学翻译,都离不开对原文的理解和解释。如果说,理解是对原文的接受,那么,解释就是对原文的一种阐发。在这个意义上,译者既是原文的接受者即读者,又是原文的阐释者即再创造者"。这种再创造体现的就是译者的主体性,译者依据自己的前理解,结合阅读和翻译时的心理感受以及语境,最终确定译文。另外,如若原文中出现较难理解之处或是模糊之处,译者更要发挥其主动性,确定其在当下情景中的意义。这其中便充分体现译者翻译和诠释的主体性。

对于译者而言,任何中国科技典籍文本的翻译都介于陌生性和熟悉性之间。"诠释学任务正是建立在熟悉性和陌生性之间的这种对峙上。"

(伽达默尔,2010:300)如果完全是陌生的,理解和诠释无从谈起,更谈不上翻译。同样,如果原文完全熟悉,则无须解释。“凡在某物是陌生的地方,解释才被要求,这一点应当是理解艺术的本性。”(伽达默尔,2010:225)“因此,诠释学——像诸神信使赫尔墨斯——必须实现一种中介作用。正是人的有限性——哲学诠释学的出发基础——才使得一个像赫尔墨斯的中介者可能和必需。”(伽达默尔,2010:157)翻译中国科技典籍正是这样一种情形,无论语言还是内容都与当下情景,与当代英语,与英语国家的当代科技存在间距。这种间距既有熟悉性的一面,也有陌生性的一面,这才有了理解、诠释和翻译的可能性和必要性。

理解和诠释受制于前理解,这充分体现了理解者的主体性,译者在翻译中国科技典籍时,势必受译者前理解的影响。在沃恩克(2009:99)看来,“认为任何对主题的理解都必然带有前见的,就是认为理性观念本身指称那种在某特殊传统中已开始被认为是合理的东西。我们的理性观念本身是建立在传统之中,而理性与传统的对立毫无意义”。

构成中国科技典籍译者的前理解内容很多,除了他们自己的知识储备、个人经历等之外,另外两个主要因素就是中国科技典籍原文的现代译文和前人注解(主要涉及训诂学),这是因为,“译者的知识先在性也是译者主体性的表现”(张雅君,2008:62)。

同一般典籍翻译一样,中国科技典籍的翻译也是一个二度转译的过程,即译者先要把原文翻译成现代汉语,然后再将现代汉语翻译成另外一种语言——目的语。由于古代汉语同现代汉语差别较大,加之中国古代科技范式与当代科技范式分属不同的范式,因而间距较大。就古今汉语差别而言,前者多言简义丰,更加之无句读,一字多义现象十分普遍;就科技范式来看,差别亦是很大。以医学为例,张慰丰(2013:40－177)认为,中医本质上是“天人合一”的朴素辩证的自然观,而西医则为“天人对立”的形而上学自然观;中医是唯象医学,西医是实验医学;中医重脏象,西医重脏器;中医治未病,西医治已病;中医采用循名而不责实的应用逻辑,而西医则使用求实辨伪的医学概念。李春泰等(2015:29－34)通过考察《墨子》的科技内容,发现中国古代科技擅长朴素的辩证整体性思维,追求实用性，注重感觉经验方法。

因此，译者要理解原作，须参考原作的现代译文，许多时候还需要参照比对多家注疏。在此基础上，若译者再有疑惑困顿，则要对原作作出自己的诠释。不过这种诠释多是微调，现代译文与注疏构成了译者对原作的主要理解和诠释。以“大中华文库”所选科技典籍翻译文本为例，除了原文和译文外，译作中还配有现代汉语。这种现代汉语版本文字的译者多不是英语译者本人，主要是该领域的专家，如该丛书中的《梦溪笔谈》的现代文译者为胡道静、金良年、胡小静，《黄帝内经》的今译者为刘希茹。在这种情况下，中国科技典籍原文的现代译文直接影响了，甚至决定了译者对原文的理解、诠释和翻译。这种现代汉语译文直接构成了译者对原文解读的最主要前理解，虽然译者有些时候会依据对原文古文的理解对现代汉语译文作小幅度的调适，但是，总的来说，译者的理解与现代译文差别不大。

中国古代的训诂学①对于中国科技典籍的英译者而言同样是前理解的重要构成要素。训诂学是一门十分古老的学问，在很大程度上，中国的训诂学与西方早期的诠释学——解经学非常接近。许威汉(2003:7－9)认为，训诂即为“解释”的别名，就是对古代语言作解释。通过解释字词和解释文句来疏通古文中的意义、廓清模糊之处、梳理文中模棱两可的字句。更为重要的是，训诂学的研究对象主要是中国的典籍作品，这一点与本研究的中国科技典籍的翻译与诠释十分契合。胡宗锋、艾福旗(2016:76－78)指出，“训诂学在典籍英译的过程中起到了再现语境、界定名物、正确解读原文文本的基础性作用。此一环节是典籍英译的前提条件，也是必要条件”。可以说，训诂学有助于确定典籍字词含义、理解句意、理顺文本，是解读典籍文本的前提。更具体而言，典籍英译第一阶段是以古汉语为“源语”到现代汉语为“目的语”的语内翻译过程。其中训诂的介入不可或缺，它是理解和解释的关键。

---

① 必须指出，不能把训诂学等同于解释学或诠释学，此处是为了行文之便，在本段论述中未将二者严格区分开来。

下面将结合具体的英译案例，分析原文的现代译文与注释(训诂)作为译者前理解的重要内容如何影响译者的诠释。

例 26　力，刑[①]之所以奋也。(《墨子》之“经上”)

力：重之谓，下。舆重，奋也。(《墨子》之“经上”)

汪、王译：Force is the deep-rooted cause for the movement of an object. (2006：321)

Force：The gravitational force accelerates the speed of a falling object. (2006：350)

约翰斯顿译：C：Force is what moves a body.

E：Force：Said with reference to a weight. Lowering and raising a weight is moving [it]. (2010：390 - 391)

李约瑟译：C：Force (*li*) is that which causes shaped things (*hsing*) (i. e. solid bodies) to move (*fên*).

CS：Weight (heaviness) (*chung*) is a force. The fall of a thing, or the lifting of something else, is motion due to heaviness. (1962：19)

李绍崑译：[C] Lih (Strength)：that which makes the body excited.

[E] lih：It is referred to as weight. Lifting a weight from below is excitation. (2009：187)

《墨子》是中国古代科技文献中较早阐述“力学”概念与原理的典籍，虽十分粗略，不成体系，但却是中国古代科技关于“力学”发现的最好明证，且比牛顿力学创立时间早了大约20个世纪，实属难能可贵。多位学者(李约瑟，1962：19；杜石然等，1982：121；董英哲，1990：75；孙诒让，2001：314；徐希燕，2001：151 - 152；杨俊光，2002：183 - 194；周才珠、齐瑞瑞，2006：349；童恒萍，2006：35 等)将这两句视为墨子关于力学发现的经典代表。其首句给出了“力”的定义，即力是物体运动变化的原因。另外，物体之所以具有重量，是因为它有重力之故。

---

① 许多书籍将其写为“形”，多位学者认为，“刑”是“形”的通假字。

汪、王译本以周才珠、齐瑞瑞的现代译文为基础。周、齐二位学者对力的解释为：力，是用来改变物体动止状态的（即现代物理学说的力作用在物体上，使物体由静止变为运动或者得到加速度）。物体的重量是力的一种表现，其所以能下落和被上举，都是重力的奋动（周才珠、齐瑞瑞，2006：320－350）。周、齐的解释构成了译者翻译诠释原作最主要的前理解内容。虽以此为蓝本，但译者并未亦步亦趋地完全按照现代译文翻译其字面意思，而是结合自己的理解和诠释进行翻译，所以其译文与原作的现代汉语译文自然有所差别。比如，现代汉语译文“物体的重量是力的一种表现，其所以能下落和被上举，都是重力的奋动”，英译文为“The gravitational force accelerates the speed of a falling object”（重力使落体加速）。

约翰斯顿参考了包括毕沅、公孙龙子、葛瑞汉，以及孙诒让等多家注释。关于“刑”的意义，译者考察了毕沅和公孙龙子的注解，并结合多家学说，给出了多达数百字的评论（comments），旨在证明其诠释的合理性。

原文中最关键的，意义最游移不定，也最难翻译的词汇是“奋”。该词可以确定墨子关于“力学”的定义与阐释。李约瑟在翻译此段内容时，参考了吴南薰的注释，其注释原文（1962：20）如下：

> 这里的“奋”字特别重要，因为它有突进或加速运动的含义，而其原意是一只飞鸟飞离田地而高飞。若作者心中没有关于加速度的模糊概念，他就会用“行”“移”“动”等简单明了的词汇。当代物理学术语中，“奋力”即含冲量之意。

由此可知，译者在考察了该词的注释之后，才有了他本人的诠释，即原文是墨子关于“力学”和“重力”的定义，译者承认了这一点，才能有其上译文。

以上四种英译中，李绍崑译文最与众不同。其诠释的最明显差异就在于译者对于“奋”的翻译，其他三种译文都将其解释为“动”（英译为move或movement）。李绍崑译为excited、excitation，两词的字面意义之一为“奋”。译者绝非凭空诠释和翻译，而是参考了多达 141 种与《墨子》（或《墨经》）相关的书籍资料，这些既有古代学者的注解，又有国外专家的研究，其中包括《墨子大取篇释》（傅山著，宣统刊本）、《墨子经说解》（张惠言著，清乾隆五十七年手稿本）、《墨子书札记》（朱亦栋著，光绪刊本）、《墨学论通》（孙中原著）、《墨学——理论与方法》（李贤中著）、《墨子枢义》（佐藤晋著）、《墨子考》（户崎允明著）等。在此基础上，才有了译者最后的译文。

例 27　圆，一中同长也。（《墨子》之“经上”）

圆，规写支也。（《墨子》之“经上”）

汪、王译：A circle has a center that is equidistant from any point on its circumference. (2006: 317)

A circle is drawn by turning a pair of compasses through 360°. (2006: 355)

约翰斯顿译：A circle consists of the same lengths from one centre.

A circle: A pair of compasses describes until the line joins. (2010: 423)

李约瑟译：A circle (yuan 3) is a figure such that all lines drawn through the centre (and reaching the circumference) have the same length.

A circle is that line described by a carpenter's compass which ends at the same point at which it started. (1959: 94)

李绍崑译：Yuan (Circularity): one center has the same length.

yuan: The compass can draw a circle and the line will meet. (2009: 192)

《墨子》一书富含经典的数学知识，其中关于几何学的条目较多。本例原文是中国，乃至世界较早给“圆”所下的定义，所谓“圆”，就是从圆中心到圆周的半径都相等。徐希燕(2001:220)将“圆，规写支也”翻译成

"圆,用圆规画出的起笔与收笔相接触的图形"。

周才珠、齐瑞瑞(2006:316)的现代汉语译文为:圆,是从圆心至圆周的半径都相等之形。圆,用圆规画曲线相交合则成圆。就汪、王译而言,译者第一句的翻译受周、齐的现代汉语译文影响较大,他们的英译本基本上与此对应。就第二句来看,译者的诠释并未完全依照现代汉语译文进行翻译,译者的诠释与此有出入,译文说需要圆规转360度,而周、齐现代译文中未有提及。这也表明,虽有现代文译文作为理解和诠释的参考依据,译者在翻译此典籍时,仍有自己的主观思考和诠释。

在约翰斯顿译文中,译者参考了孙诒让的《墨子间诂》、伍非百的《中国古名家言》(1983)以及姜宝昌的《墨经训释》(1993)的注解,认为"支"(或曰"交")的意义为"圆规画的线起点与终点相交之时,圆即画成"。译者还参考了葛瑞汉的(《墨子后期逻辑伦理学与科学》(*Later Mohist Logic Ethics and Science*),1978)的观点。所有现代注释者中除了葛瑞汉之外,都赞同孙诒让的观点。译者将原文翻译成"A circle: A pair of compasses describes until the line joins",即"圆,乃圆规所画之线重合之时的图形"。

对以上例句的分析可以发现,中国科技典籍的现代文译文及有关注释构成了译者主要的前理解知识,直接或间接决定了,或者说直接影响了译者对原作的诠释和翻译。

5.4.2 主体间性:中国科技典籍英译主体间的协商

理解的核心问题与主体间性有关,即读者的意识要与原作作者的心理产生一定的沟通,甚至是共鸣。当然这种交流有时是相同的,或相似的,很多时候则是相异的。"我们对历史实在或生命表达的理解本质上就是一个与其他生命个体之间的交流与沟通过程。理解理论所要解决的归根结底是一个'主体间性'的问题。"(田方林,2009:76)

主体间性概念既是现象学的主要概念,又是诠释学研究的重要内容。它重点探讨自我与他人之间、人与客观世界之间的认识与理解问题。主体间性由胡塞尔(Edmund Husserl)提出[①]，并成为现象学研究的核心概念之一。主体间性是主体概念，是主体间的相互关系。它强调“唯我性”，“不理会与他者直接或间接相关的意向性的构成性，而是确定在其中，自我在自身范围内构成一个特殊自己性的实在”(Husserl, 1982: 98)。这完全符合现象学的方法论——回到事物本身。主体间性理论要解决的核心问题是“自我和他者以什么方式相互通达，就是这种主体间性是通过什么方式建立和实现的”(张昌盛，2015:101)。事实上，作为问题，主体间性想要解答的是“自我主体如何认识他人、如何认识他人的心灵、如何形成对世界的共同认识、如何实现主体间的沟通和理解等一类问题”(王晓东，2002:16 - 17)。其解决方式包括“移情”“统觉”“同感”等，即通过对自我的心理表现和行为经验等来体悟感知他人的表情和行为，寻找二者之间的相似与差异，并使得认识主体之间达成共识，取得知识的普遍性。但是这种方法过于理想化，所以，胡塞尔提出了“具身性的主体间性”这一概念，即将自我与他者本身的境遇性考虑进去。

其实，由于诠释学关注的核心问题是理解与诠释，所以，主体间性也是诠释学的主要研究领域。施莱尔马赫、狄尔泰、海德格尔、哈贝马斯、伽达默尔等都从诠释学的角度探讨过主体间性这一概念。施莱尔马赫认为，理解和解释是对原作思想的重构，这种重构包括语言的重构和作者心理状态的重构，也即还原至原作的语言与作者的状态，即他所谓的“解释的重要前提是，我们必须自觉地脱离自己的意识(Gesinnung)而进入作者的意识”(参见洪汉鼎，2001a:23)。就是“把自己置于作者的整个创作中的活动，一种通过想象、体验去对作者创作活动的模仿”(洪汉鼎，2001b:77)。这应该是所谓的“完全理解状态”。就翻译而言，译作须忠实于原作和原作者。狄尔泰同样将恢复原意的客观性视为至高无上。狄尔泰的诠释学模式为：体验、表达、理解。理解被界定为“心灵把握其他人的精神的活动”。帕尔默(2012:160)认为，同施莱尔马赫一样，狄尔泰把

① 据王岳川(1999:30)，这一概念在胡塞尔的《笛卡尔沉思》(1929)中就提及了，其后又在《巴黎讲演》和《纯粹现象学和现象学哲学的观念》(1931)中讨论过。

“理解当作重新经历和重新建构作者的体验”，即寻找一种“客观有效知识”。

哈贝马斯和伽达默尔都对主体间性做过解释，哈贝马斯坚持借用语用学理论构建人际交往方式，伽达默尔则强调交往中主体间的语言交流。杨春时（2002：19－20）认为，主体间性即交互主体性，是主体间的交互关系。同时，主体间性也指向主体间的相互性和统一性，如黄卫星和李彬（2012：93）认为，这种相互性与统一性主要体现在交际主体的话语之中，以期实现主体间的相互理解。当然，这种主体间性还表现在人们在认识事物过程中主体之间的可通达性问题（张昌盛，2015：98）。其目的是“使不同主体之间相互理解成为可能的前提性的东西，是对不同主体而言的共同有效性和共同存在”（包通法、陈洁，2012：114）。

从传播学理论来看，一个对话的成功进行必须有对话各方的参与，这是因为，“对话和交往/传播过程需要确立每一位参与者的主体性，形成传播行为中各种对象性关系，由此超越个体的主体性，走向多个主体在对话和交往中的主体间性，从而达到多个主体性的融合状态。超越传播过程中的单一主体性（主客体性），走向不同主体之间平等互动所形成的主体间性”（黄卫星、李彬，2012：90）。

从以上分析可以看出，主体间性“力图消解传统哲学的超验主体中心理性，克服主客二分式的思维模式，从而揭示人与人，人与物，主体与客体，自我与对象之间的相互生成、相互渗透、相互依存的交互主体关系”（陈大亮，2005：7）。所以，主体间性理论能够为翻译研究提供另一种视角，可以为探究翻译研究的主体性提供更为科学的视域。翻译行为被认为是不同主体间的交流，如李明（2006：71）所说：“人们将翻译界定为一种主体之间跨文化、跨语言的交流、对话与协商的过程。所有的翻译都是翻译所涉及的各个主体之间相互作用、相互否定、相互协调与相互交流的结果。”

可以说，主体间性理论为翻译研究提供了新的视角。依据这种观点，翻译是多个主体之间的对话、交流与协商。任何主体间的对话和协商对翻译事件都会产生一定的影响。夏锡华（2007：60）将与翻译事件有关的主体概括为以下诸方面：翻译发起人、赞助商、原文作者、原文、译者、译文、译文读者、出版商、翻译批评者等。就译者与赞助商间的关系而言，该理论提供的研究视角可以让我们从不同主体之间关系的角度，诠释一个翻译事件中翻译主体之间的相互关系，以及这种关系对于翻译过程和结果的影响。

在中国科技典籍翻译事件之诸多主体中，译者是核心，译者与各个主体都会发生直接或间接的关系，充当摆渡者和桥梁的角色，既连接原作与译作，又沟通作者与读者。所以，以译者与其他主体之间的关系为视角，可以探究这种主体间性对中国科技典籍翻译和诠释有何影响。

5.4.2.1　译者与赞助人

根据勒弗尔(André Lefevere)(2004)，翻译赞助人(或称为翻译的发起人)，是翻译事件得以开始和完成的最主要因素之一。大多数时候，一项翻译活动有其发起人或赞助人。在这种情况下，发起人会对译者的翻译行为提出特定的条件和要求。根据夏特沃恩(Shuttleworth)与考伊(Cowie)的《翻译学词典》(*Dictionary of Translation Studies*)(2004：123)，赞助人是那些能够促进或阻碍文学的阅读、写作和重写的权威的个人或机构”。勒弗尔(Lefevere，2004：15－19)认为赞助人主要包括出版发行机构、审批部门、批评期刊，甚至某个政府职能部门等。赞助行为体现在意识形态控制、译者经济收入和稳定的身份等方面。许多中国科技典籍的翻译工作是由政府部门发起和资助的，比如“大中华文库”(汉英对照)的顺利出版发行主要得益于国家新闻出版署、中国外文出版发行事业局、财政部等政府部门，并被列入国家“九五”“十五”图书出版规划的重大工程，该工程选取的科技典籍主要有《山海经》《黄帝内经》《九章算术》《天工开物》《本草纲目》《梦溪笔谈》《茶经》《千金方》《金匮要略》等。

在翻译事件中，赞助人与译者的交互关系贯穿整个翻译活动。从原文的选择，到翻译策略、翻译目的等，无不体现译者与赞助人之间的交互作用。据杨柳(2003：40)，译者甚至可以借用赞助者的词库，与赞助者就翻译中碰到的问题进行交流，提高译文质量，制定合适的翻译策略。尤其重要的是,赞助人会影响译者的翻译策略和诠释方式。对于译者的翻译行为而言,赞助人有着重要影响。包通法、陈洁(2012:114)认为,赞助人看似微不足道,却有可能影响整个翻译过程。他们会利用其话语权直接影响译者译作过程及其翻译策略选择。有时,赞助人甚至会使译者成为"背叛"的诠释者。"译者这一主体在某些情况下会不得已做背叛者,但译者背叛的是文本,为了服从赞助人主体,他可以对文本不忠实,而忠诚于赞助人和背后的整个意识形态。"(欧阳东峰、穆雷,2017:118)。威斯的《黄帝内经・素问》英译本在西方产生了很大影响,该译本的产生就得益于西格里斯特(Sigerist)教授和洛克菲勒基金会,该基金会于1945年2月给威斯提供资助,助其完成此书的翻译(2002:前言 xvii)。

5.4.2.2 译者与作者

中国科技典籍翻译是译者与作者的交流、互动与协商,有时甚至译者要作出必要的妥协。由于原作是典籍作品,译者无法与作者沟通,只能通过阅读与作者、作品相关的资料与作者交流,了解作者写作时的想法。这些信息会影响甚至决定译者对原作的理解和诠释。

中国科技典籍翻译作品不是纯粹译者个人的理解,不是译者被动全盘接受原作的过程,而是涉及译者与原文作者的对话、交流与互动。"无论作者是活着还是去世了,在场还是不在场,翻译的理解与阐释都离不开译者与文本隐含的作者的对话与交流。无论双方是否达成一致性的见解,或持有相同的情感,作品的意义总是在对话的关系中不断地被理解,被商讨,被深化。"(夏锡华,2007:61)

在深入探讨译者与作者的交互作用之前,有必要声明一下,翻译中国科技典籍时,译者与原作作者的交流不同于翻译当代作家的作品,后者有可能通过不同渠道与原作作者交流、沟通,既可以探讨原作的主旨大意,也可以交流写作风格,抑或是就书中某个词的理解进行沟通。典籍作品的作者都作古已久,译者大多通过以下方式与作者"沟通":阅读作品本身(尤其是前言、注释等)、作者的信件、与作者相关的书籍(如自传、传记等)、其他学者关于该作者的论述,甚至包括通过凭吊的方式与作者"神交”，等等。译者与作者的交互作用主要体现在以下方面。

首先，译者与原作作者交流，以获得原作的主旨大意，保证诠释内容的准确性。译者会就所要翻译科技典籍的中心思想与原作作者“交流”。通过细读原作，译者可以探讨作品的宏旨大意，因为很多时候作品文字的字面意义距离其语境意义甚远，尤其是古代汉语相较于现代汉语和英语而言，更加简洁、含蓄、多义。唯有与作者“交流”，才能够读懂其宏旨，才能更好地诠释原作。威斯（2002：9－10）与文树德（2011：9－25）在翻译《黄帝内经・素问》之前，都十分仔细地考察了原作及相关研究。在此基础上，他们发现该作品的哲学性很强。那么其译文就相应地竭力体现这种属性。尤其是译者威斯为了让译文读者能更好地理解原作，在诠释和翻译该作品时，十分重视原作体现的哲学性，例如译者特别注重对“道”“阴阳”“五行”等概念及这些概念之间的联系等内容的诠释。如前文所述，文树德将严格的哲学原则用于该作品的翻译与诠释之中。译者特别在该译作的《内经介绍》（“Introduction to the Nei Ching”）部分花了许多笔墨介绍这些哲学概念及理论，内容达80页之多。这样的诠释更能反映原作的精神和原作作者的写作意图。另外，以《黄帝内经・素问》为例，据译者李照国①（2005：160）介绍，在该书英译本定稿前后，他祭拜了黄帝陵，这种与作者的“神游之交”“使我感到很多问题有进一步探讨的必要”。译者在此基础上又对译稿进行了斟酌与修改。

其次，译者与原作作者交流，以获知作者语言风格，确定诠释的语言风格。在着手翻译一部科技典籍之前，译者需要了解原作作者的语言风格、原作作品的写作体裁。通过细读原作，译者可以寻绎原作的语言风格、用词喜好、句式特征等。以《淮南子》英译为例，译者梅杰等（2010：1－9）通过考察原作，发现原文文学色彩浓厚，修辞手段多样。刘安是一位文人，擅长诗歌与修辞，作过多首赋，《淮南子》一书极具文采。同时，作者还是宇宙学、玄学方面的专家。译者还了解到，该书的某些章节是刘安与门客平时讨论的结果，如第13章、14章、16章、17章和19章等。因此，译者

① 李照国在2005年发表这篇文章时的署名是“牛喘月”。

在翻译该作品时，确定了其翻译原则以诠释原作的语言特色。“译文力争保留原作的主要特征，如骈文体、诗歌、格言警句等”(Major et al., 2010: 33)。译者还特意辨认原作中的韵律，以确保这些韵律节奏在译文中尽可能多地保留。其译文也因此呈现出很强的文学性。再以王宏、赵峥两位译者译《梦溪笔谈》为例，译者发现，该书“文字流畅、洗练，描述条理清晰，层次分明”(王宏、赵峥，2008:17-26)。以此为基础，译者在翻译该书时确定的翻译原则为：力求使自己的译文通顺、流畅和准确。

另外，译者与原作作者交流，以获得作者的写作背景，根植、再造诠释的社会语境。“要尽可能地深入了解和把握该作者、作品所属时代的社会、文化乃至风尚习俗，以及作品中所描写的生活的那一段历史，并对作者的生活观念、意识形态倾向、艺术观点、审美特色等进行比较全面、透彻的了解和研究。”(宋晓春，2006:89)

5.4.2.3 译者与读者互动

同译者发生主体间相互关系的还包括译文读者，因为没有译文读者的参与，任何的翻译实践都是无效的。所以，“主体间性之体现还要求译者与译本读者之间建立一种对话关系。……因为译者存在价值首先在于为读者生产有效的翻译文本，而有效的翻译文本并不仅是要去迎合读者的口味，更重要的是要去引导并提升广大读者的欣赏水平”(葛校琴，2006: 223)。译者与译文读者对话，按照包通法、陈洁(2012:116)的观点，其目的在于“了解读者所需”。

译者与译文读者的主体间性主要表现在，译者“在翻译中设想了读者的存在，他就已经将自己置身于理解主体间性的思考之中，并在翻译的理解和表达中时时刻刻以主体间性约束自己的翻译”(包通法、陈洁，2012: 116)。以《梦溪笔谈》英译为例，译者在着手翻译该典籍之前，将其读者界定为英美国家的普通读者，并以此为基础确定其翻译策略，“鉴于列入‘大中华文库’的《梦溪笔谈》英译全译本的读者对象主要是英美国家的普通读者，我们在翻译此书时制订的总的原则是，译文要做到‘明白、通畅、简洁’”(王宏、赵峥，2008:前言 24)。译者将“明白”列为其翻译和诠释的首要原则,"所译出的译文要让普通读者看得懂",这种诠释策略向读者靠拢,以他们的理解为宗旨,是故,原作中的生涩难懂、佶屈聱牙之处都用简单易懂的词汇句式翻译。"通畅指译文本身不能过度拘泥于原文结构,以免造成行文阻梗,阅读吃力。"最后一条是"简洁",当然,译者的"简洁"并非以牺牲原旨为代价,即"如果只片面追求译文的'简洁',以牺牲译文的'明白、通畅'为代价,就不宜效仿"。为此,译者对于原文中技术性强的内容使用解释译法。

以《梦溪笔谈》的英译为例,书中第十八卷"技艺篇"中,有一节讲解"造房之法",这也是中国古代较早论述建筑技术的章节,其文如下:

例 28　凡梁长几何,则配极几何,以为榱等。如梁长八尺,配极三尺五寸,则厅堂法也。此谓之上分。楹若干尺,则配堂基若干尺,以为榱等。若楹一丈一尺,则阶基四尺五寸之类,以至承拱榱桷皆有定法。谓之中分。阶级有峻、平、慢三等。宫中则以御辇为法:凡自下而登,前竿垂尽臂,后竿展尽臂,为峻道;前竿平肘,后竿平肩,为慢道;前竿垂手,后竿平肩,为平道。此之谓下分。(《梦溪笔谈》之"技艺篇")

王、赵译: The length of a beam is proportional to the height from the beam to the roof, and a matching rafter is made in the same proportion. For example, if the length of the beam is 8 *chi*, the height from the beam to the roof should be 3.5 *chi*. This is the rule for the construction of the upper part of the reception hall. In addition, the height of the pillar is proportional to the height from the bottom of steps to the floor of the hall, and matching rafters are made in the same proportion. For example, if the height of a pillar is 11 *chi*, the height from the bottom of steps to the floor should be 4.5 *chi*. There are also fixed rules for the manufacturing of rafters and sets of supporting brackets in the middle part. The degrees of steepness of steps are classified into three types. A standard is made by estimating how the emperor's sedan chair is carried onto steps in the royal palace. When the carriers in the front lower their arms and the carriers in the rear raise their arms, the gradient of steps is large. When front poles carry the sedan chair with their elbows while back poles carry it on their shoulders, the gradient of steps is small. When front poles carry the sedan chair by lowering their hands and back poles carry it on their shoulders, the gradient of the steps is medium. These are the three types of degree of steepness in the construction of the lower part. (2008: 529)

李约瑟译: The length of the cross-beams will naturally govern the lengths of the uppermost crossbeams as well as the rafters, etc. Thus for a (main) cross-beam of 8 ft. length, an uppermost cross-beam of 31 ft. length will be needed. (The proportions are maintained) in larger and smaller halls. This (2'28) is the Upperwork Unit. Similarly, the dimensions of the foundations must match the dimensions of the columns to be used, as also those of the (side-) rafters, etc. For example, a column 11 ft. high will need a platform 4 1/2 ft. high. So also for all the other components, corbelled brackets (*kung*), projecting rafters (*tshui*), other rafters (*chueh*), all have their fixed proportions. All these follow the Middlework Unit (2′44). Now below of ramps (and steps) there are three kinds, steep, easy-going and intermediate. In palaces these gradients are based upon a unit derived from the imperial litters. Steep ramps (*chun tao*) are ramps for ascending which the leading and trailing bearers have to extend their arms fully down and up respectively (ratio 3 • 3S). Easy-going ramps (*man tao*) are those for which the leaders use elbow length and the trailers shoulder height (ratio 1′38); intermediate ones (*phing tao*) are negotiated by the leaders with downstretched arms and trailers at shoulder height (ratio 2′18). These are the Lowerwork Units. (1971: 82 – 84)

就技术术语而言，原文中出现了多个术语，如榱、楹、棋、前竿、峻道、慢道、平道等。下面将比较两个译本对原文中的科技术语诠释方式的差异（以《梦溪笔谈》之 299 篇“喻皓《木经》”中的科技术语为例），如下表 5.2 所示。

表 5.2 王、赵译本与李约瑟译本科技词汇英译对比

原文中科技术语	王、赵译本	李约瑟译本
梁	beam	cross-beam
榱	matching rafter	rafters
楹	pillar	columns
榱	matching rafters	(side-)rafters
承拱	rafters	corbelled brackets(*kung*)
榱	sets of supporting brackets	projecting rafters (*tshui*)
桷	sets of supporting brackets	other rafters (*chueh*)
峻道	the gradient of steps is large	steep ramp
平道	the gradient of the steps is medium	easy-going ramp
慢道	the gradient of steps is small	intermediate ramp

表 5.2 列出了原文中的 10 个与建造房屋有关的专业术语，两个译本在诠释这些术语时存在较大的差异。一方面，就术语的单一性而言，李约瑟译本基本上用了 10 个英语语汇与之对应；而王、赵译本主要使用了 5 个英语语汇。另一方面，就词汇的难易度而言，李约瑟译文明显难于王、赵译本。以“承拱”为例，李约瑟译本为 corbelled brackets (*kung*)，除了专业术语之外，译者还添加了原词的汉语拼音，充分体现了译文的针对性，即专门针对相关的学术群体。而王、赵译本使用了 rafters，该词在前文的术语词汇中已经出现，故降低了其复杂度。最后，尤为重要的是，就“峻道”“平道”“慢道”的诠释来看，王、赵译本皆运用一个简单的句子进行解释，即“the gradient of steps is small”，与李约瑟译本的 steep ramp、easy-going ramp、intermediate ramp 形成鲜明的对比。故王、赵译本的诠释降

低了读者理解的难度,更易为读者理解。

另外,以《黄帝内经·素问》英译为例,不同译者针对不同的读者对象,其翻译和诠释的策略出入很大。倪毛信(1995:V)的翻译是从临床医生的视角,以非学者、不太懂医学的人为读者对象。为此目的,其译文中不采用脚注的方式,而是将需要诠释的内容直接放在译文中,他称这种方式为"拓展翻译"(extended translation)。例如,在翻译"其生五,其气三"(《黄帝内经·素问》之第三篇《生气通天论》)时,他说,本来可以直接译为"Heaven gives birth to the five phases and the three qi.",然后将译文中的读者不易理解之处放入脚注之中。但译者未采取此策略,而是使用了他说的"拓展翻译"或"拓展策略",其译文为:

> The universal yin and yang transform into the five earthly transformative energies, also known as the five elemental phases, which consist of wood, fire, earth, metal, and water. These five elemental phases also correspond to the three yin and the three yang of the universe. These are the six atmospheric influences that govern the weather patterns that are reflected in changes in our planetary ecology.

文树德(2011:12-13)希望读者能够对中国医学典籍与欧洲医学典籍进行对比阅读。故此,译者想要采取古代原作作者自己的语汇表达原作中的观点、理论和事实。其诠释策略为:忠实于原作的格式与意义,尽力做到不增不减。将原文的背景置于注解中,这一点殊异于倪毛信译文。后者努力贴近原文意象,并且竭力不用现代生物医学术语取代中国古代医学术语。在文译本中,每页的注解内容远远多于译文的内容。例如,文树德对于"其生五,其气三"的译文是"It generates five; its qi are three"(同上,2011:60)。可以看出,译者的诠释策略完全实现了其翻译目的,译文在形式结构与内容上几乎与原作一模一样,原作六个字,译文七个字,表面意义也几乎同原作一样。为了让读者明白译文中的 five 与 three 之意，译者采取“加注”的诠释策略，引用傅维康与吴鸿洲的观点解释“五行”“生”“三阴”“三阳”等。译文只有七个字，而注解却有200多字。

5.4.3　中国科技典籍英译：历史意识中的视域融合

对于哲学诠释学而言，效果历史意识和视域融合是两个十分重要的概念，也是伽达默尔对哲学诠释学的重要贡献。

在对历史概念深入研究的基础上，伽达默尔(2010:424)认为，“理解按其本性乃是一种效果历史事件”。伽氏之效果历史概念不同于传统诠释学对历史传承物和传统的解读，后者本质上是历史客观主义，坚持一种客观化解读的观点，认为对历史的理解纯属一种客观的认识。而伽氏将“诠释学处境”(hermeneutic situation)作为其研究的核心出发点，以此重新探究历史之于理解的关系、作用和意义。在他看来(2010:425)，当从“处境性”这一概念出发去理解某个历史现象时，“我们总是已经受到效果历史的种种影响。这些影响首先规定了：哪些问题对于我们来说是值得的研究，哪些东西是我们研究的对象”。我们正是在一种处境之中理解和诠释历史。另外，格朗丹认为，伽达默尔用一个简明的格言句式描述效果历史原则，即效果历史意识与其说是意识，不如说是存在。就是说，历史以这样的方式渗透到人们的实体(Substanz)中，以至于人们不能最终澄清它或同它保持距离。故此，人对于历史的理解是人的理解，不存在超然于物外的人，这些人都是一个个带有自己主观见解，并从其历史处境进行解读的人。

视域[1](Horizont)这一概念较早被尼采和胡塞尔采用，用来表示思想同其有限的规定性之间的关系。伽达默尔将视域置于历史理解之中进行研究，在批评传统的历史理解观的基础上认为，“视域就是我们活动于其中并且与我们一起活动的东西”。并且，这种视域总是处于变化之中。所

---

① 有学者将其翻译为“视界”，如严平的《走向解释学的真理——伽达默尔哲学述评》(1998)，潘德荣的《诠释学导论》(2015)。

以，当我们的历史意识置身于各种历史视域中，“并不意味着走进了一个与我们自身世界毫无关系的异己世界，而是说这些视域共同地形成了一个自内而运动的大视域”(2010:431)。伽达默尔认为，这种视域包括了“所有那些在历史意识中所包含的东西。我们的历史意识所指向的我们自己的和异己的过去一起构成了这个运动着的视域”。所以理解一种传统，比如要理解中国科技典籍作品，势必需要一种历史视域。这样一种理解的历史视域不单纯是他者的视域和处境，还要有理解者本人的自身置入。所以，任何对传统的理解都是这两者的结合而产生的结果。这也是伽达默尔所称的“视域融合”。这种融合既不单单是前人的视域，也不纯粹是当下理解者本人的视域，而是两者的杂合。因为“理解总是解释，意义总是解释与对象的‘视域’的‘融合’”(沃恩克，2009:100)。对于中国科技典籍的翻译和诠释而言亦是如此。这种翻译和诠释并非是纯粹的“照着讲”，亦非绝对的“接着讲”，而是一种不同视域的融合，即在译者认为作品中某些内容无法理解时，就倾向于“接着讲”，即渗入译者本人的理解。

人在认识新的事物时会产生新的视域，这种新视域受制于过去的传统。所以，过去的视域向现代开放，现在的视域又受过去视域的影响。格朗丹(2015:228)认为，人类的认识过程即是“视域、意义、真理和事情因此而运动”。人类依此认识事物，获得新的认识和知识。也可以说，这一过程是视域不断推移的过程。

这种不同主体之间因视域不同而产生的差异可以称为“视域差”，这种视域差类似于斯拉沃热·齐泽克(Slavoj Žižek)(2014:26)所谓的“视差”，即客体显而易见的位移(在某个背景下，它的位置发生了变化)；位移源于观察者位置的变化。观察者位置的改变提供了新的视线。这种物理性的视差会对观察者的认识结果有直接的影响。同样，不同的主体在解读同一个文本时也存在这种视差，或视域差。谢云才在其专著《文本意义的诠释与翻译》(2011:121)中对于翻译中存在的“视域差”有专门论述，他认为，翻译诠释的视域差就是在翻译诠释过程中不同的相关主体，如原作作者与译者、译者与读者等视域的不同。

这种视域差相对于中国科技典籍的翻译与诠释而言尤甚。语言间距、文化间距以及科技范式间距的存在更加大了中国科技典籍翻译过程中的视域差。中国科技典籍翻译的过程涉及视域差，一方面是作者视域与原作作者视域之间的视域差，另一方面是不同译者之间的视域差。这些视域差带来的直接结果就是翻译呈现出不同的诠释，这即是伽达默尔所谓“存在的差异”，更是翻译之差异，诠释之差异。

由于时间间距、语言间距、文化间距与科技范式间距的存在，译者所使用语言及其所处的历史文化语境等皆不同于原作，所以他们在看待同一问题，例如同一个文本时的视域存在较大的差异。具体到中国科技典籍的翻译实践看，译者读到一部科技典籍作品，其当下的处境殊异于作者创作时的时代背景，并且中国古代科技范式与当代的科技范式差别较大。因此，译者的视域不同于作者的视域，而体现于译文中的视域正是此两种视域融合的结果。

例 29　日冯生阳阏，阳阏生乔如，乔如生干木，干木生庶木，凡根拔木者生于庶木。根拔生程若，程若生玄玉，玄玉生醴泉，醴泉生皇辜，皇辜生庶草，凡根茇草者生于庶草。海闾生屈龙，屈龙生容华，容华生蕈，蕈生萍藻，萍藻生浮草，凡浮生不根茇者生于萍藻。(《淮南子》之“地形训”)

梅杰等译： Sun Climber gave birth to Brightness Blocker. Brightness Blocker gave birth to Lofty Ru. Lofty Ru gave birth to Trunktree. Trunktree gave birth to ordinary trees. All plants with quivering leaves are born from ordinary trees. Rooted Stem gave birth to Chengruo. Chengruo gave birth to Dark Jade. Dark Jade gave birth to Pure Fountain. Pure Fountain gave birth to Sovereign's Crime. Sovereign's Crime gave birth to ordinary grasses. All rooted stems are born from ordinary grasses. Ocean Gate gave birth to Swimming Dragon. Swimming Dragon gave birth to Lotus Flower. Lotus Flower gave birth to Duckweed. Duckweed gave birth to Aquatic Plant. Aquatic Plant gave birth to seaweed. All rootless plants are born from ordinary seaweed. (2010：170)

原文集中体现了作者的“生物进化论思想”，论述了“植物系统三个大的类别的演变发展过程”(陈广忠，2000：201－205)，三个大的植物类别分别是木类、草类和藻类。按照现代生物学的观点，这一分类本身就是比较科学的。例如木类植物的演化主要经历了如下过程：日冯→阳阏→乔如→干木→庶木。此外，作者还对有根之木作了归纳，即“凡根拔木者生于庶木”。就句式而言，此段文字整齐、简洁、单一，因此句式不是造成视域差之源。对于该段的翻译集中体现于对其中名词的理解和诠释，其中名词的翻译容易产生视域差。文中的名词多是树木之名，有的实际存在，有的乃作者所撰。对于树木之名的翻译，译者采用了意义诠释之法，将其意义释出，且首字母皆大写。如“日冯”被译为 Sun Climber，意为“攀登太阳者”。然而据研究《淮南子》的专家陈一平(1994：212)，此处的“日冯”意为“树木最初的状态”，而阳阏、乔如、干木等皆为作者所设想之一般树木以前的早期树木种类。对后面的草类植物、藻类植物之名，译者采取了同样的诠释方法。

对于同一部作品，不同译者的翻译和诠释多是不同的，这便是原作与译文之间“一与多的关系”，一个原文本对应多个译作。造成这种结果的原因是多方面的，不同译者拥有视域差是原因之一。产生视域差的缘故亦是多种多样，如译者的阅历、专业知识、思维方式、审美倾向、双语水平等。就中国科技典籍翻译而言，不同译者来自不同的专业领域，如有的译者来自科技领域，以《黄帝内经》的翻译为例，李照国、倪毛信等都是精通医药的译者。非医药领域的译者与这类译者的视域会存在较大差异，这种差异体现在其译文中，使他们的诠释有所不同。

5.4.4 主体诠释的限制性与制约性

如前文所说，就中国科技典籍翻译而言，译者具有一定的主体性和创造性，但这种翻译就可以随意而译、胡乱诠释和过度诠释吗？当然不是。

如果“一味强调意义生成的主观因素势必脱离文本意义的客观性，其结果必然导致对文本意义的过度诠释和任意诠释”（谢云才，2011：109）。何玉蔚（2009：78）认为，过度诠释是指“文本在解读过程中所出现的无限衍义”。这种过度诠释在实际中的确时有发生，但却不是诠释的主要方面，因为一般的阅读、理解、翻译和诠释都要受到诸多因素的限制。从根本上讲，语言符号的意义之所指受制于符号的能指，不可以无限度地远离其能指。此外，这种诠释也受其他因素的制约，如某一学科内部的自身规律特征、读者的预期、出版社的要求，等等。伽达默尔为此提出“预期完全性或完美性”（Vollkommenheit）的概念，以防止读者对文本任意的解读和诠释。

翻译是发生于各个翻译主体之间的一种协调和妥协，体现于语言特征、文化样式、思维方式、社会规范、意识形态、出版发行等诸多层面，既涉及译者主体性的发挥，即翻译的再创造与主体诠释，也涉及原作与其他因素的制约。翻译中国科技典籍虽不像翻译中国古代文学作品主体性那么强，但正如前文所示，译者在翻译过程中的确有其主体性，这种主体性，或曰创造性的诠释，是如何受到限制的呢？中国科技典籍翻译的主体诠释既受制于原作，也以诠释的有效性为依据。原作的限制主要包括原作语言、原作思想、原作体裁等。另外，人类的写作、阅读、理解、诠释依循一定的交际理性，这种交际理性是一种约定俗成的规约，为每个特定语言文化群体共同遵守，唯如此才能进行正常的交际。根据哈贝马斯的观点，人的交际行动遵循一定的规则：第一，他们会像我一样享有同样的语言；第二，他们以与我非常相似的方式理解外部世界；第三，我们分享同样的社会规范和习俗；最后，他们会理解我的自我表达（参见哈贝马斯，2009：23－24）。虽有这种规约，但这只是交际得以顺利进行的前提条件。如果不熟悉某个群体的语言，则无法交往，更谈不上理解；不熟悉其理解方式亦无法实现正常交流。

以中国古代科技术语为例，其翻译和诠释就有很强的限制性，诠释和创造的空间小于文学作品的诠释与创造空间。文学作者为读者留下了广阔的想象空间，读者可以较为自由地发挥想象力，诠释文本中的故事情节、场景事物。中国古代科技术语则不然，译者的诠释必须立足于术语的具体所指，在此基础上阐释，以不擅离其本真为要，否则，就违背了对中国科技典籍翻译和诠释的宗旨。对中国古代科技术语进行诠释，需要以其本意为基础，郭尚兴(2008:61)在讨论中国古代科技术语英译时，认为译者只能是“潜回”到历史的某一阶段，既要体会原作作者的本意，又要从历史中摆脱出来，以超脱的“冷眼”对术语进行历时和共时的分析比较，确定在该阶段和该背景中相对稳定的含义。就中国古代科技术语英译而言，其在原文语言文化中的意义还是相对固定的，其诠释不能离原作之意太远。

5.5 小　结

本章重点从认识论的角度探讨了中国科技典籍翻译的诠释学问题，具体从诠释的客体和主体两个向度观照此类文本的诠释。

研究发现，就诠释的客体而言，中国科技典籍文本大多具有多义性、修辞性等特征，译者在诠释此类文本多义性特征时，多从多义之间选择译者认为合适的义项，以在译文中构建完整的意义。就中国科技典籍文本的修辞性而言，译者的诠释受翻译文本语境的限制，需考虑语境因素。同时，这一过程也是译者对原文认知解释和认知重构的过程。

就中国科技典籍英译的主体来看，译者的诠释受前理解的影响；其次，译者的诠释是翻译事件中不同翻译主体之间的互动过程，其中包括译者与赞助人、译者与作者、译者与读者等。另外，这一过程也是译者视域融合的过程。最后，虽然中国科技典籍英译过程中译者有很大的主动性和创造性，但这种诠释的主动性并非是任意的，而是受制于中国古代科技本身的恒定性和稳定性。

第六章　中国科技典籍英译诠释之方法论维度

6.1 引　言

杜赫德(Du Halde)在其1735年完成的《中华帝国全志》(*Description of the Empire of China*)中认为,古代中国虽有诸多领先世界的技术,但是却没有形成自己的科学理论,他说,“我们必须承认,中国人有无穷的智慧;但是,那是具有创造性的、探究性的、深刻的智慧吗?他们在所有的科学领域中有所发现,但是却没有将任何一个推进到至臻境地,精进成为需要敏锐和洞察的思辨科学”(参见麦克法兰,2015: 35)。由此便衍生出另外一个问题,即冯契(1983: 44)所描述的:“这是一个外国的伟大科学家提出来的问题。中国古代有那么多科学发现和创造,是用什么逻辑、什么方法搞出来的?这的确是一个令人惊奇、需要我们认真研究的重大问题。”

此处,杜赫德将中国古代科技置于发端于16世纪末、17世纪初欧洲的近代科学技术框架之内,以其科学概念、理论方式等作为评价参数与标准,那么自然会得到他的结论。但是有两点需要说明:第一,中国古代科学体系和方法论有其自身的表现样式,这种样式有别于西方近代科学;第二,中国古代科学方法论有些方面(比如《墨经》中有关“逻辑”的观点)与近代西方科技思想方法既有相近或类似之处,更有相异之处。

中国古代科技取得了如此丰富的成果,必有其方法、策略和一定的理论支撑。当然,很有可能这种方法和理论与西方的科技理论和方法有所不同。中国古代科技方法论是什么?爱因斯坦(1976:574)的观点或许能给我们一些启发,"西方科学的发展是以两个伟大成就为基础,那就是:希腊哲学家发明的形式逻辑体系(在欧几里得几何学中),以及(在文艺复兴时期)发现通过系统的实验可能找出因果联系"。爱因斯坦指出西方科学的两个核心方法:形式逻辑和实验。下文的研究将表明,中国古代科技,既有与西方形式逻辑相近的方法,如墨家的形式逻辑,也有自己的辨证逻辑以及观察和实验方法。当然,更为重要的是,中国古代科技更有属于自己的、殊异于西方的科学方法,例如象思维之取象比类、取象运数,等等。

在翻译过程中,如何诠释这些科学方法论特征和特质?译者在翻译时,其诠释策略是什么?结果如何?这种结果有无背反中国科技典籍本身自有的方法论特征?中外译者在翻译此类文本时,其诠释方法有无差别?这种差别是否造成不同的结果?等等。对于以上诸问题的追问与探索有助于了解中国科技典籍的方法论特征;通过描述、比较、解释译者的诠释策略,可以为此类文本的翻译实践提供方法论指导;对于该类文献的海外传播亦有一定的借鉴意义。

以往考察、评价、批评和鉴赏中国科技典籍的翻译时,大多仅仅从译作与原作对比的角度展开,多限于表面的语言文字的比对,多以"对等与否""文从字顺与否"为评价和鉴赏的圭臬。然而,这种研究路径和批评方式并未触及中国科技典籍的核心问题,因为很多时候其表面意义与其深层内核是不一致的,表层的语言对等未必就与深层内核一致,有时是相异,甚至相反。

本章内容将按照以下思路展开:首先界定中国古代科技方法论,然后探讨中国古代科技方法的基本形式与内涵,最后将从诠释学的角度研究译者在翻译这类文献时采取的诠释策略及影响译者诠释的因素。

6.2　中国古代科技方法简介

做任何事情都需有一定的方法和策略，科学研究尤为如此。方法是“人们为了认识世界和改造世界，达到某种目的所采取的活动方式、程序和手段的总和”，而方法论则是“人们认识世界和改造世界的一般方式、方法的理论体系”(刘蔚华，1988：2－3)。

什么是科学方法？科学方法是进行科学活动的必要条件，是人们为了取得科学知识而使用的方式和策略。贝茨(Betz，2011：21)将科学方法定义为一种探究方法，使用这种方法可以实证性地构建关于自然的理论，并能证实这种理论。现代科学方法发端于17世纪初叶的欧洲，从哥白尼到牛顿，涉及一系列的科学事件，包括太阳的引力模型和牛顿的物理模型。科学方法论是“关于科学的一般研究方法的理论，探索方法的一般结构，阐述它们的发展趋势和方向，以及科学研究中各种方法的相互问题”(郭小林、杨舰，2013：23)。江天骥(1988：1)认为，科学方法论的核心问题是“科学家在研究自然界的过程中怎样获得和接受定律或理论的问题，亦即科学推理问题”。具体而言，这一问题主要涉及两个方面：如何发现和如何证明？发现和证明定律或理论要依据什么推理规则？

依照西方科技方法的标准，中国古代科技就不是按照科学的方法发展、发明的吗？中国古代的科技就没有科学的方法吗？研究中国古代科技方法的专家周瀚光(1992：7)给出了明确的答案，“与现代意义上的‘科学方法’一词相对应的古代汉语，作者至今尚没有找到。而这绝不是说中国古代没有科学方法，也不是说中国古代没有研究过科学方法”。在对中国古代科技研究的基础上，作者得出的结论是，“中国古代不仅有非常丰富而精彩的科学方法，而且对科学方法本身进行过反思、研究和阐发，即进行过方法论的探讨。大致说来，古代的科学家比较侧重于应用科学方法，而古代的哲学家则比较侧重于阐述科学方法。当然，也有科学家同时对自己的方法进行归纳和总结的，也有哲学家亲自运用这些方法去进行科学研究的”。这种看法还是比较中肯和符合历史事实的。然而这一事实的结果却是，中国古代的科学方法鲜为人知，以致让人们以为，中国古代没有科学方法。

中国古代科技不仅有科学方法，而且还拥有悠久的历史。据何萍、李维武(1994)，中国古代科学方法最早萌芽于夏代历法书《夏小正》(距今约4 000 多年)，而完成于商周之间的《周易》则成为中国古代科学方法的源头之一，前者体现科学整体思维方法，后者体现阴阳互补、象思维方法等。春秋战国时期，中国古代科学方法逐渐形成，并出现多种科学方法共存的局面，如先秦道家的直觉方法、墨家的逻辑学方法(以名举实、以辞抒意、以说出故)，等等。秦汉时期，中国传统科学方法又趋于一元化，即天、地、人相统一的科学方法。例如，《吕氏春秋》之系统思维方法，《黄帝内经》之人与天、地同构，人与天、地同参，五行学说与天人系统模型，等等。明清之际，中国传统科学方法出现多元格局，这一时期，由于中西科技的交汇，使得中国传统科学方法在与西方科学方法的调和与冲突中取得了突破，“传统科学技术的总结、西方科学技术的传入和传统科学方法的改造，构成了一股巨大的历史合力，对中国科学方法的发展产生了深刻的影响——打破了自秦汉以来所形成的科学方法的一元格局，形成了新的科学方法的多元格局”(何萍、李维武，1994：280)。例如，王夫之带有哲学认识论特征的辨证思维方法、顾炎武重历史经验的研究方法以及徐光启、梅文鼎、焦循等人的数理演绎方法，等等。

中西科技方法存在诸多差别。一些国内学者对此有所论述(何萍、李维武，1994；林振武，2009；郭小林、杨舰，2013)。首先，思维内容与侧重点不同。西方科技方法重视研究自然现象的性质和原因，而中国传统科学方法着重探究自然现象之间的关系，以此把握事物。其次，思维方法与科学划界不同。西方科技方法主要通过理性分析和推理来把握世界的本质，而中国传统科学方法重视从整体上、从综合的角度认识世界的本质。西方的科学划界比较清晰明了，而对于中国古代科学方法而言，“这种划分的意义却很小。因为在中国古代历史上，科学方法的界限是模糊不清的。有许多方法既是自然科学的研究方法，同时也是社会科学的研究方法,如简单性方法、观察和经验方法等”(林振武,2009: 4)。再次,科学方法形式与趋向不同。近代科学的主要方法就是观察、实验和数学演绎紧紧结合起来,尤其是三者的结合极大地推动了世界科学的发展。西方科学方法总是把人对自然的探究导向科学基础理论的建设,而中国传统科学方法促使人们在考察自然时,更多地重视现实生活、生活中人与自然的关系,突出对应用性问题的研究。

这种差异在中西最初的科学、哲学形式上就已经展现得一览无余。弗洛里斯·科恩(Floris Cohen)在其著作《世界的重新创造:近代科学是如何产生的》(2012: 7)中,一开始就把古代中国和古希腊的科学方法进行比较,认为中国的科学方法主要以经验事实和实用为导向,并且这种以观察为基础的研究方法将世界视为一个相互关联的图景,究其本质,这是一种“自下而上”(bottom-up)的方法。而古希腊的科学方法正好相反,是一种“自上而下”(top-down)的致思方式,即普遍化先于资料收集,经验事实被纳入一种理智构造,与实际问题的联系几乎不存在,思想非常抽象和理论化。关于中国古代科学方法的讨论,李约瑟的观点应该比较中肯。在《中国科学技术史》第一卷(1954)的题辞中,他引用了一位欧洲学者的话:“到目前为止,我们还只是刚刚走到这个丰富的宝藏的边缘,然而这项发掘工作一旦完成,就将会在我们面前展现出一个迄今为止只被人们神话般地加以描述的学术王国,并将使我们能够去和这个王国中过去和现在的最优秀的、最伟大的人物进行交谈。”

正如纽拉特所说,“根本就没有一种普遍的科学方法。只有许多具体的科学方法。并且每一种方法都不是固定不变的,而是注定要被取代;从一个时期到另一个时期,从一门学科到另一门学科,甚至从一个实验室到另一个实验室,都要受到质疑”(参见沈健,2008: 12)。因此可以说,中国古代科技的科学方法应该是科学方法的一种形式,或者说,是不同科学方法的综合与多元。中国古代科技方法既有与西方科技相似之处,又有相异之处。相似之处主要是,以墨家为代表的科技逻辑思想已经非常接近近代意义上的科学思维模式。相异之处则主要表现在中国古代科技思维的“象思维”模式等。

6.3 中国古代科技方法形式及其内涵

如上文所言，中国古代科技在方法上与近代科技有很大差异，当然也有一些相似之处，如墨家关于科学逻辑的论述。

关于中国古代科学方法的基本形式，不少学者有过专门论述。冯契(1984：61)较早论述了中国古代科学方法，他将“取象”和“运数”作为中国古代科学方法的主要内容，“在任何一门科学中，取象和运数都不能分开，但在不同的科学中可以有所侧重，例如在医学、农学领域，科学家首先是比类取象；而在天文、历法、音律这些领域中，科学家首先是比类运数(度量)”。周瀚光(1992)更为系统地研究了中国古代科技，并以此为基础，将中国古代科学方法归纳为三十六则，如取象运数、言有三表、明于计数、技进于道、察类明故、验迹原理、穷究试验、效象度形，等等。何萍、李维武在《中国传统科学方法的嬗变》(1994)中以春秋战国时期、秦汉时期和明清时期为坐标，对中国传统科学方法的演变作了比较系统的考察，包括中国传统科学方法的形成、发展与突破。该著作将中国古代科学方法概括为整体思维方法、阴阳互补方法、直觉认识方法、逻辑分析方法、辩证思维方法、数理演绎方法。

进入21世纪，有学者对此问题展开了更为系统的研究。吾淳(2002)将中国古代科学的方法归纳为辨类、取数、宜物。林振武(2009)在其著作《中国传统科学方法论探究》中比较全面地论述了中国古代的科学方法，他认为中国传统科学方法的基本形式主要有：简单性方法、唯象思维方法、观察与经验方法、实验方法、格物致知科学方法、类推科学方法、适其天性科学方法，并提出中国古代科技文化极为重视的方法是观察。

基于以上概述的内容，并结合本研究所选的中国科技典籍作品，下文将重点论述中国古代科技的基本方法，以期为探究其英译的诠释方式奠定基础。考察的方法包括“象思维”科技方法、逻辑方法(归纳、演绎、推理)(主要是墨家思想)、验迹原理(沈括科学方法)等。之所以选择这些方面展开讨论，主要源于两个原因：一是因为这些方法皆为中国古代科技最典型的方法，本研究不可能穷尽所有的中国古代科技方法；二是因为这些方法在本研究所选文本中皆有体现。

6.3.1　象思维科技方法及其内涵

在中国古代科技方法中，极具中国特色的科学方法当属象思维方法，其本质是“用符号和数字的方式去认识世界，并用符号和数字在世界之间、人与世界之间建立一种联系”（林振武，2009：67）。这一思维方式主要源自六经之首的《周易》，书中有许多关于“象”的观点，如“在天成象”“天垂象，见吉凶，圣人象之”“易者象也。象也者，像也”“古者包牺氏之王天下也，仰则观象于天，俯则观法于地”，等等。尤为重要的是，这种思维方式直接影响了其后两千多年中国科学文化的诸多层面，尤其是思维方式和科学方式。

探究象思维之前十分有必要审视一下“象”的内涵及所指。根据林振武（2009：67 - 68）的概括，“象”是客观世界存在的现象（如“在天成象”），是人对客观世界的存在的象的认识（“天垂象，见吉凶，圣人象之”），是人认识客观世界存在的现象的方法，其作用是表达人对世界的认识和思想，并通过认识世界以明人事。

象思维对于中国古代科技方法的影响更为深刻，主要表现为：象思维是中国古代科技极为重要的特点和形式，刘长林（2009）提出“中国象科学”的概念，并认为，中医科学方法的最主要本质就是“象思维”。王树人（2012）不仅把象思维视为中国古代科技的主要方法，更将其看作中国古代智慧的核心。

象思维方式不同于西方的概念思维。张祥龙（2008：5 - 7）的研究表明，概念思维的致思意向是“普遍化、静态化、高阶对象化和事后反思化的”，而象思维则具有如下特征：原发性、无确定的表现形式、潜在全息的、是时性的。西方的概念化思维主要是通过“逻辑定义、判断、推理、分析，而将感性经验提升为抽象理论与公理化体系，旨在以普遍形式之理解释经验现象，获得关于外部世界的确定知识”（李曙华，2008：11）。而中国的象思维则试图“超越感性经验而直达悟性之思”。王树人（2012：6－7）在其专著《回归原创之思：“象思维”视野下的中国智慧》中指出，概念思维诉诸主客二元的对象化思维模式，而“象思维”诉诸“物我两忘”即回归本真之我而与道一体相通，或换言之，诉诸整体直观的非对象化思维模式。前者涉及主体的认识之理，后者则在求悟中不仅思理，而且要提升境界。

象思维科学方法有其基本工作步骤和流程。林振武（2009：68）的研究表明，这一流程主要涉及以下方面：观察现象、整理、分类，用卦象和爻象分析事物，结合卦象和爻象的启示和运数的方法对卦象和爻象的内在发展进行理论演绎（天文、历法、音律等着重从数量上把握事物；医学、农学等着重从意象上把握事物；器物制作则二者兼用）。以中医为例，中医学理论体系的构成主要是象，象是中医学理论和实践的基础。“中医学直接继承了易辨象以明理的特色，用阴阳、五行、气之象来阐明人体不同特性的运动变化，以达到认识人体的目的。”（林振武，2009：71）

象思维还表现为取象比类和象数思维。张其成（2016a：118－119）认为，运用取象比类法可以构建藏象理论，运用取数比类法可以说明生理病理现象。取象，就是主体在思维过程中以“‘象’为工具，以认识、领悟、模拟客体为目的的方法。取‘象’是为了归类或比类，即根据被研究对象与已知对象在某些方面的相似或相同，推导其他方面也有可能相似或类同”。例如，《黄帝内经・素问》之“是从容论”就有，夫圣人之治病，循法守度，援物比类，化之冥冥。中国古代天文学也充分采用了这种方法，“取象比类是中国古代天文理论的重要思维模式”（刘邦凡，2010：165）。以中医为例，其诊断主要依据医生的观察，并且依靠望闻问切等方法得出疾病所表现出的象，例如《黄帝内经・素问》之“五藏别论”中的有关论述，“凡治病必察其下，适其脉，观其志意，与其病也”。

取数比类也是中国古代科技较常使用的科学方法。所谓取数比类，就是用“易数表示抽象意义，并通过易数推理事物变化规律的方法。易数主要有卦爻数、干支数、五行生成数（河图数）和九宫数（洛书数）”（张其成，2016a：118）。

其实，中国古代科技的研究与实践中，在诸多学科领域，取象和运数被结合使用，只不过不同的科学侧重点有所不同。冯契(1984：61)认为，“在医学、农学领域，科学家首先是比类取象；而在天文、历法、音律这些领域中，科学家首先是比类运数(度量)”。

6.3.2　逻辑思维方法及其内涵

尽管中国古代科技方法同近代科技方法有很大差异，但是，二者之间仍有一些相似之处。此种相似的科技方法主要是逻辑方法，以《墨子》为主，其他多散见于不同科技典籍之中，但却不是中国古代科技方法的主流。

逻辑思想与中国古代科技思想的发展密不可分。一方面，中国古代科技思想体现了许多素朴的逻辑思想；另一方面，逻辑思想又促进了中国古代科技的发展。“名家如惠施、邓析、公孙龙的逻辑论题，都反映了古代自然科学的认识，特别是惠施的历物论，其中主要论题，都是从古代数理自然科学知识来的。《墨子》与《荀子・正名篇》的逻辑思想基础，与当时几何、物理、力学、心理学及社会政治经济等方面的科学认识是直接联系的。”(汪奠基，2012：42－107)尤其是《墨子》中的科学思想与整个墨辩的逻辑认识是完全一致的，无论是其定义形式，还是其论证样式，皆体现了科学的本质。比如，书中关于“力”的定义为：“力，重之谓。下举重，奋也。”(《墨经》之“经说上”)

另外，彭漪涟的专著《冯契辩证逻辑思想研究》(1999：314－317)专门探讨了冯契关于中国古代辩证思想的研究，该书强调了中国古代科学方法的一些内容，认为要研究中国古代科学方法论，就必须考察和把握中国传统的逻辑思维特点，必须肯定有两种逻辑(形式逻辑和辩证逻辑)、两种逻辑方法，必须明确中国古代科学方法乃是中国古代哲学中的主要逻辑范畴——类、故、理范畴的运用，例如《墨经》的形式逻辑。中国古代科技表现出许多异于西方科技的方法论特征。熟悉这种方法论特征对于翻译此类文献具有重要的实践参考价值和理论指导意义。

中国古代逻辑思想有着悠久的历史和丰富的内容。有专家学者对中国古代逻辑思想作了系统的研究，例如，温公颐所著《先秦逻辑史》(1983)、陈汉生(Chad Hansen)所撰《中国古代语言和逻辑》(*Language and Logic in Ancient China*，1983)、周云之和刘培育所著《先秦逻辑史》(1984)、中国逻辑史研究会资料编写组所编《中国逻辑史资料选：先秦卷》(1985)与《中国逻辑史资料选：汉至明卷》(1991)、杨沛荪所撰《中国逻辑思想史教程》(1988)、周云之所著《中国逻辑史》(2004)、冯契所著《中国古代哲学的逻辑发展》(三卷本)(2009)、汪奠基所著《中国逻辑思想史》(2012)、刘明明著《中国古代推类逻辑研究》(2012)，等等。

本章主要聚焦于所选科技典籍涉及的逻辑思想，并对这些逻辑思想的英译和诠释进行研究。在这些逻辑思想中，墨家的逻辑思想占据了十分重要的位置。当然《淮南子》《梦溪笔谈》与《黄帝内经》也有所提及，但内容不多。这些逻辑思想主要包括分类思想、类比推理、归纳推理、演绎推理等，主要体现于《墨子》一书，当然在另外三部的语料中亦有所体现。

6.3.3 其他科技方法及其内涵

除了前文谈及的象思维科技方法和逻辑科技方法之外，还有一些其他的科技方法为中国古代科技工作者经常使用，如观察法、经验法、实验法、验迹原理、审其所由、察类明故等。

首先是观察法。任何科学技术皆始于科技工作者的仔细观察，科技成果产生的整个过程都离不开这种方法。观察法同样也是中国古代科技最常用的科学方法之一。林振武(2009)结合其研究，将这种观察之法的步骤概括为：调查和观察、思考、实验、推理。沈括的科技研究无不始于他对所关心的现象的观察和所做的详细记录。如他在观察极星时的记录，“每极星入窥管，别画为一图。图为一圆规，乃画极星于规中，具初夜、中夜、后夜所见各图之，凡为二百余图”(沈括，2009：59)。接下来，就是要通过思考对所观察到的结果进行整理，因为最初观察到的结果中会有一些错讹之处，或不合理不科学的地方。另外，《梦溪笔谈》中有许多关于作者实验的记录，比如，“声学共振实验”“指南针碗唇旋定法实验”等，其目的都是为了“人为控制或模拟自然现象，使自然过程以纯粹、典型的形式表现出来，从而揭示自然的本质和规律”（林振武，2009：126）。最后一个环节是推理，即原其理，“以理推之”。沈括深信，自然之物皆有其理，如他在书中提及的“常理”“至理”“自然之理”等。所以，他认为，探究自然现象，就是要推究事物内部、事物之间诸多的“理”。为寻此“理”及原因，科研人员就要采取适当的方法进行探索。例如，他对雁荡山奇特的地形所做的研究即是这种应用“原理”的结果，“予观雁荡诸峰，皆峭拔险怪，上耸千尺，穹崖巨谷，不类他山，皆包在诸谷中。自岭外望之，都无所见；至谷中则森然干霄。原其理，当是为谷中大水冲激，沙土尽去，唯巨石岿然挺立耳。如大小龙湫、水帘、初月谷之类，皆是水凿之穴”（《梦溪笔谈·杂志一》）。通过“原其理”，沈括发现，雁荡山地形之所以如此奇特，主要是由“谷中大水冲激，沙土尽去”和“水凿”等原因所致。

中国古代科技常用的“验迹原理”类似于此类方法，为不少中国古代科学家所采用。这一方法在《梦溪笔谈》一书中表现得尤为突出，书中有多处记录了作者如何采用此种方法进行科学研究。所谓“验迹”，就是对自然的迹象做实际的察看和调查，所谓“原理”则是以“验迹”为基础，推演其道理和原因。这是在认识事物时，使人的认识从感性认识上升到理性认识的过程。

其次是经验法。经验方法在《墨子》一书中体现比较充分。首先，它认为，人的知识来源于经验。该书对经验进行了归类，“知：闻、说、亲”（《墨子·经上》）。“知：传授之，闻也。方不障，说也。身观焉，亲也。”《墨子·经说上》即是说，人类的知识分为闻知、说知、亲知。闻知是通过传递而接受的知识；说知是方域不能阻障的知；亲知是通过亲身接触、观察而得到的知。人的认识由经验来证实。“三表法”是《墨子》最重要的科学方法内容，“故言必有三表。何谓三表？上本之于古者圣王之事；下原察百姓耳目之实；发以为刑政，观其中国家百姓人民之利”（《墨子·非命上》）。就是说，所取得的知识是否科学合理，是否从古代圣王所为之事找到依据，是否由老百姓的耳闻目见证明认识，是否对国家和人民有利。

此外，也涉及实验法。无论是中国古代科技，还是西方近代科技，实验法都是科学研究和技术发明必备的方法。只不过两者的差异在于,西方近代科技更加依赖这种方法。

最后是察类明故。人的经验主要是研究现象之间的分类和因果关系。“类”,即根据事物的属性对其进行科学合理的分类。“故”,是指事物的原因与根源,以及另一事物发展的结果。因此,在墨子看来,人们在认识世界时,需要对事物进行合理的分类,找出各类事物之间的属性特征、异同、因果及诸事物发展之间的联系。察类是明故的基础,如“立辞而不名于其类,则必困矣”“以类取,以类予”,认识事物,探究其原理,必须对事物进行分类。对事物进行比较,也须在同类事物之间进行。在察类的基础上还要明故,即探究事物的原因。如“故,所得而后成也”“以说出故”,等等。《墨经》中大量使用“说在……”这一句式,用以说明事物之故。据林振武(2009:118)统计,“故”字在该书中共出现了340次。由此可见,这一方法对于墨家之科技方法的重要性。这种科学方法主要为秦汉科学家用以探究事物的缘由。《淮南子》一书就特别重视这种方法的运用,强调科学必须弄懂事物的来龙去脉,如“得隋侯之珠,不若得事之所由。得呙氏之璧,不若得事之所适”(《淮南子·说山训》)。这表明,刘安强调探究事物原因的重要性。同时,事物的因果关系是客观存在的,要想弄清事物的因果关系,必须进行实地考察。依据周瀚光的研究,这种科学方法主要包含以下几个步骤。首先,观察,这是一切科学研究的基础,“察物色,课比类,量小大,视少长”(《淮南子·时则训》)。对观察到的现象进行辨别,把握事物的内在联系。最后,以此为基础进行创造发明。

6.4 中国古代科技方法英译诠释

6.4.1 象思维方法英译诠释

上文结合中国古代科技的实际情况分析了其基本形式。本节将重点考察译者在翻译中国科技典籍时是如何诠释这些方法的。从“象思维”的角度探究中国科技典籍的翻译，有利于更好地对这类文献的翻译作出诠释。正如包通法(2015：93)所言：“译者若想将这些典籍的精髓传达给目标语读者，毫无疑问需要重新启动‘象思维’去理解原作的精神，进而再运用‘象思维’将其合理地进行翻译，以传达原著的精神范式和知识体系，用具有整体性的、诗性的、生命样式的‘象思维’认知范式来解读和表征华夏千年经典。”

为此，本节探究英译此类文本之方法论时的诠释方式，对比不同译者的诠释方式异同，探究差异背后可能的原因，为此类文本的翻译与诠释提供有益借鉴。

象思维与概念思维是人类科学思维方式的主要形式，二者有较大差异。概念思维是西方科学思维的主要方式，也被称为人类重要的理性思维方式。在这种科学思维模式下，概念、判断、推理共同构成西方科学的主要研究方法。从最早使用概念研究原子论的德谟克利特，到苏格拉底、柏拉图、亚里士多德，一直到近现代的科学家，多借助概念思维从事科学研究。“概念按其自身的表面内容乃是个体性、特殊性和普遍性的统一，也就是具体而普遍的；这就使得概念可以发展为其他思维形式——判断、推理，概念形式的扩展即形成理论。”(参见孙小礼等，1990：446)同中国古代的象思维方式相比，这种思维方式是纯理性的，抽离了具象，脱离了语境，成为彻头彻尾的“形而上”之学。张祥龙(2008：4－5)认为，这种概念思维是抽象的、非个体的，它抓住共相，寻找可普遍化的真理。因此，概念化思维的致思意向是普遍化、静态化、高阶对象化和事后反思化的。

与此种科学方法不同，象思维的特点是一种原发性科学方法。首先，象思维是动态的、过程性的，本质上讲是 being 而非 be。张祥龙(2008：4－5)认为，这种科学思维方法的特点在于“‘在’做中成就‘做者’‘被做者’和‘新做’，或者说是在相互粘黏与缠绕中成就意义与自身。其特点是，在完全投身于做某件事情之际，还能以边缘的方式觉察到这种‘做’”。另外，象思维具有非对象化、是时性的特征。这种科学思维方法超越了主客二元对立。在这种情形下，研究者并非是作为一个冷静的旁观者观察自然的发展，而是参与其中，去体悟、体验、体认。换言之，这种科学方法使得中国自然宇宙论兼有持续性和变化性。罗思文、安乐哲(2010：83)通过研究，发现中国思维具有极强的“重变化”特征，并发现中国文献用来表达该世界观和常识的语言是动词性的(gerundive)，所以在概念上尽量常常‘动词化’名词。……乃是汉语本身折射的动态宇宙。‘事’(events)比‘物’(things)受的关注更多；原本为世界抽象客观化的名词源于且回复到某种动词感受性。的确，此世界的‘人’(human being)不可避免是‘【生】成【着的】人’(human becoming)”。最后，就象与言的关系来看，它不同于西方的概念思维，王树人(2012：450)对此有过比较，认为中国的象思维是“直接从整体直观而来”，而西方的概念思维是“从定义、判断、推理、分析、综合的思维路数而来”。

例30 圣人独得之于心，而不可言喻，故设象以示人。象安能藏往知来，成变化而行鬼神？学者当观象以求圣人所以自然得者，宛然可见，然后可以藏往知来，成变化而行鬼神矣。(《梦溪笔谈》之“补笔谈”)

王、赵译：Saints know all about it, but they cannot tell us in words. So they use figures and images to inform us. How can figures and images help us infer the future from the past, bring about changes and drive away ghosts and gods? Scholars should seek the way that saints acquire from the law of nature by watching these figures and images. Once they know this, they can infer the future from the past, bring about changes and drive away ghosts and gods. (2008：939)

沈括精辟地论述了象思维这种科学方法的特征，如“不可言喻”“以象示人”。研究者须观察现象，以便像圣人那般从自然现象中获得规律，唯有通过这种关于“象”的了解才能依据过去而预测未来，成就变化而驱使鬼神。这一案例充分体现了“观物取象”的科学方法。

就此译文对原作的诠释而言，译者充分察悟到原文所体现的这种中国传统的科学思想方法，并在译文中将其表现出来。首先，象思维具有“直观了悟”的特征，有时是言不尽意，非言诠所能尽。所以，译者将其译为 but they cannot tell us in words，换言之，观察者对观察到的对象无须像西方科技人员那样经过一番逻辑论证，再从“形而下”上升到“形而上”层面的理论抽象。中国的象思维与此极为不同，无须这诸多的过程，而是直接从直观达至顿悟，这种顿悟是无法用语言言说的。其次，译者把“象”诠释为“数字”和“意象”，这比较符合象的本意，这种“象”多由“近取诸身，远取诸物”之法得来。

6.4.1.1　象思维内涵英译诠释

根据蒋谦(2006：26)，象思维的“象”分为四个层次，即原象、类象、拟象、大象。它们是从低到高依次排列的，各有其特征和属性。因此，它们在中国科技典籍中的描述亦应有所差别。因此之故，译者的诠释须考虑到象思维方法在这诸多不同层次上的异同，能够体现和彰显中西不同科学方法的异同。

(1) 原象

原象，指“通过感官(主要是视觉器官)获得的事物形象，它既是当下的视觉表象，也是长时期的记忆和知觉表象”(蒋谦，2006：26)。其特征表现为“与物象的相似、相像”，即《周易》所云，“象也者，像此者也”。那么，具体到中国科技典籍作品中，原象则表现为“对具体物象的原原本本的描绘和详实记载”(蒋谦，2006：26)。这种科学方法多体现的是摹拟和象征的方式，是许多中国古代科技研究和发现的第一步。

例 31　春日浮，如鱼之游在波。(《黄帝内经·素问》之“脉要精微论”)

倪毛信译：In spring the pulse is slightly wiry, like the ripple or crest of a wave created by a fish swimming in a stream. (1995：65)

威斯译：In days of Spring the pulse is superficial, like wood floating on water (浮) or like a fish that glides through the waves. (2002：163)

李照国译: In spring, [the pulse] is floating just like fish swimming in water. (2005: 207)

文树德译: On spring days, it floats at the surface, like a fish swimming in a wave. (2010: 287)

科学研究的第一步是对研究对象进行仔细观察,并作出描述,也即上文说的"原象"。就原文中的"依脉治病"而言,医者需要依据这种描述对病人辨证施治。因此,在本节所选语料中,通过描述脉之症状,医生可以确定病因。对于译者的诠释而言,就应该将这种"原象"描述或诠释出来。依据这种方法可以更好地诠释原作的精神。故此,这种科学方法对于翻译此类文本有一定的影响。

关于"春日浮"的诠释。为了比较形象地描述此类脉的特征,作者将其四时之脉作了较为具体的摹写。如春日之脉是上浮的,犹如鱼儿浮游在水波上。李照国译与文译较为接近,他们的诠释比较符合原作之"原象"精神,即对事物作较为写实的描绘。他们都使用了英文 float,意为"漂浮",对原文中意象的诠释也比较接近原作。另外两家的译文与此有较多出入。倪译将"浮"诠释为"如金属丝般瘦长而结实",状如游鱼产生的波纹。威斯译文的诠释有更大的差异,一方面,她将"浮"译为 superficial(即为"表面的"),这种诠释与原作描绘的"春之脉"的真实之态存有较大出入。译者进而继续诠释这种"脉"的状态,即"似木头浮于水上""如鱼儿穿于水中"。

(2) 类象

类象,指"由不同具体形象的相似、相类方面组合而成的形象。其生发机制是联想和想象。与'原象'不同的是,'类象'已不再是事物的原原本本的映象,它具有多重性、转借性和比拟性等特征"。(蒋谦,2006: 26)

例 32 太阴玄精,生解州盐泽大卤中,沟渠土内得之。大者如杏叶,小者如鱼鳞。悉皆六角,端正如刻,正如龟甲。(《梦溪笔谈》之"药议")

王、赵译：Being generated in the brine of the salt lake in Xiezhou, gypsum crystal can be found in the soils of irrigation ditches. The big one is like the leaf of an apricot tree and the small one resembles a fish scale. All are shaped in hexagons and their outer appearances look as if they are carved out and are in the shape of a tortoise shell. (2008: 839)

在此选文中，作者描述了太阴玄精①生长的地方及其形状大小。作者借助于这一类象的方法，将此类矿物晶石的形状描绘成“大者如杏叶，小者如鱼鳞”“正如龟甲”，这些原象“杏叶”“鱼鳞”“龟甲”组合成一组“类象”。“类象”是一种整体的视域，读者读后会对这种矿物晶体的外观有一个整体印象。译者分别将这些“象”译为 the leaf of an apricot tree、a fish scale、the shape of a tortoise shell，这些被翻译的“象”皆相似于原作中的“象”，译文读者会对这种矿物晶体有一种整体感觉。

(3) 拟象

拟象，顾名思义，就是“按照一定的主观意图和分类标准，对各种‘类象’再进行组合，模拟或再造出一个整体世界的功能图像”(蒋谦，2006: 27)。中国古代科技研究主要采用了两种“拟象”之法，即“拟诸其形容，象其物宜”和“以制器者尚其象”。前者借助于某些抽象符号重构世界和自然之象；后者“通过人力技术的注入，发明和制造新的器物品”(同上)。无论是符号的“拟象”，还是器物之“拟象”，都是比“原象”和“类象”更高一级的“象”，这种“象”具有某种形而上的哲学蕴含，但是还未上升至这一层面，或者从本质上讲，不同于西方的逻辑概念。

例 33 天文家有浑仪，测天之器，设于崇台，以候垂象者，则古机衡是也。浑象，象天之器，以水激之，或以水银转之，置于密室，与天行相符。(《梦溪笔谈》之“象数二”)

王、赵译：Astronomers use the armillary sphere to observe celestial

① 太阴玄精，又称“玄英石”，是一种硫酸盐类石膏族矿物石膏的晶体，多用作药材。

bodies. The instrument set up on a high-rise platform to observe stars and other celestial bodies was called "*jiheng*" in ancient times. The celestial globe is an instrument imitating the movement of celestial bodies. Hydra power or mercury is used to make it move. Being placed in a secret room, the movement of the celestial globe matches that of the real celestial bodies. (2008: 207)

在这段不长的文字中,沈括介绍了"浑天仪"的制作原理,主要遵循"制器尚象"之理(即"制器者尚其象",源自《周易·系辞下》),也可以称之为"观象制器",是中国古代科技思想中十分重要的组成部分,即依据一定的图像或形象制作器物或机械。刘长林(2007: 493)认为,"尚象"是以意象思维为指导,以"象"层面的规律为行动的准则。所以,"制器尚象"就是要依循象层面的规律来制器物、做事情。这种装置是模拟天体运行的仪器,用水或水银可以使之转动,其运行之象与天体运行相符。由此可以看出,"拟象"这一具有中国古代科技特色的科学方法的实质是"模拟"。

首先,译者对于"浑象,象天之器"的翻译较好地诠释了这种"拟象"思想,译文是"The celestial globe is an instrument imitating the movement of celestial bodies",译文中的 imitating 能充分诠释这种"尚象"之理和"拟象"之法,不只与之"相像",更要"模拟"之,比较能体现"象思维"科学方法的精神实质。其次,关于"与天行相符"的翻译和诠释,原文作者特别强调"与天体运动相符合",译者将其译为"the movement of the celestial globe matches that of the real celestial bodies",这里的关键是如何诠释"相符",译者将其翻译为 matches,比较符合原文之意,更符合"拟象"科学方法的实质。

(4) 大象

原象、类象、拟象,这三种中国古代科技方法都与具体的物象有直接或间接的关联,科技工作者借助于这三种科学方法,根据需要,结合不同的"象",对于科技活动进行描述、解释和说明,以及制造各种器物和机械。"大象"与这三种"象"相比有很大的差别。蒋谦(2006: 27)认为,大象指"那种虽然与具体形象有关联，却没有形体形质的物象原型，排斥一切符号、语言等概念思维的混沌、朦胧形象。……这种大象体现在古代科技中突出的表现就是‘元气说’……这种元气说在解释自然科学的一些重大理论问题，如天地起源、宇宙进化、人的精神现象时具有高度的含摄力和启发性”。

例 34 古未有天地之时，惟像无形，窈窈冥冥，芒芠漠闵，澒蒙鸿洞，莫知其门。有二神混生，经天营地；孔乎莫知其所终极，滔乎莫知其所止息；于是乃别为阴阳，离为八极；刚柔相成，万物乃形；烦气为虫，精气为人。（《淮南子》之“精神训”）

翟、牟译：In primitive times, even before Heaven and Earth took shape, there was a shapeless substance in existence. It was unfathomable, dark and in a chaotic state. No one knew anything about it. From this, two gods were created and ever since then, they have taken control of Heaven and Earth. They are so fathomless that no one knows where they stop, and they are so huge that no one knows where they rest. Then the two gods are differentiated as Yin and Yang, and they also dissect themselves thus form the remotest areas in all eight directions. By coupling the hardness of Yang and the softness of Yin, tens of thousands of things come into being. The inferior Qi became animals and insects, the superior Qi formed human beings. (2010: 391)

梅杰等译：Of old, in the time before there was Heaven and Earth: There were only images and no forms. All was obscure and dark, vague and unclear, shapeless and formless, and no one knows its gateway. There were two spirits, born in murkiness, one that established Heaven and the other that constructed Earth. So vast! No one knows where they ultimately end. So broad! No one knows where they finally stop. Thereupon, they differentiated into the yin and the yang and separated into the eight cardinal directions. The firm and the yielding formed each other; the myriad things thereupon took shape; The turbid vital energy became creatures; the refined vital energy became humans. (2010: 240)

该选文主要从人产生的角度描述了宇宙生成过程。许多中国古代科学家和哲学家对于宇宙的形成有很大的兴致，对此进行过不懈的探索和研究，有许多在当时看来具有非常重要的科学价值，刘安的研究即是其中之一。在他看来，天地(或曰宇宙)在形成之前是无形的，混沌暗淡恍惚，遂产生二神，主宰天地；阴阳产生，继而八极；烦气与精气分别成为虫类和人类。王晓毅(2003: 85)将其简化为"无形本根→二神→天地→阴阳二气→万物"。王巧慧(2009: 131-132)认为，天地未分开之前的无形无象之气具有"对反特性"的两种力量，这两种力量就是使宇宙产生得以可能的"道"，亦即二神。就阴阳代表具有冷暖、寒暑、明暗的现实化的气而言，天地生阴阳，代表宇宙生成内部动力的二神贯穿万物生灭变化过程的始终。

从这两个英译本来看，两者的诠释具有较大差异。首先，"惟像无形"，翟、牟译为"there was a shapeless substance in existence"，意为"存有一个无形的物体"；梅杰等译为"There were only images and no forms"，意为"只存在图像而无形"。不难发现，后者较接近原作关于"像"和宇宙之前情形的诠释。其次，"莫知其门"，翟、牟译为"No one knew anything about it"，意即"人们对其一无所知"；梅杰等译为"no one knows its gateway"，意即"人们不知其门"。前者的诠释远远超过原作所含信息量，后者较接近原作。陈一平(1994: 337)将"莫知其门"解释为"没有人知道它的门径"。这种解释较为合理，"门"为隐喻用法，可引申为"可通过、经过的通道或路径"。梅杰等的诠释比较贴近此意。最后，"烦气为虫，精气为人"，这句话不难理解，陈一平(同上)将其诠释为"杂乱之气变成昆虫，精粹之气变成人类"。翟、牟译为"The inferior Qi became animals and insects, the superior Qi formed human beings"，可以回译为"低级的气变成动物和昆虫，高级的气变为人类"。梅杰等的译文"The turbid vital energy became creatures; the refined vital energy became humans”，可以回译为“浑浊肮脏之气[①]（生命力）变成生物，精致的气变成人类”。因此，就整体而言，原作反映了“大象”的科学方法和思路。就这两家译文来看，梅杰等译文的诠释比较符合原作的思想。

6.4.1.2　象思维方法英译诠释

前面主要结合中国古代科技“象思维”的四种“象”，考察了译者如何诠释中国科技典籍作品。下面将结合“象思维”的主要方法，即取象比类和取象运数，探究译者在翻译该类文献时，这种科学方法对译者诠释原作有何影响和制约。

（1）取象比类英译诠释

如前文所言，取象比类，又称援物比类，是中国古代科技研究方法中十分重要的一种方法，在中国古代医药、天文、地学、化学、工程技术等领域均有广泛运用。所谓“取象”，是指“从事物的形象（包括形态、作用、性质等）中找出能反映本质的特有征象”，比类是“通过比较、类比的方法，寻找已知之象与未知之象的共性，进而探索相关事物的特性”（孟庆刚，2011：192）。周立斌（1996：26）把这种科学方法流程归纳为“观物—取象—比类—体道”。取象是对对象反复观察和直接感受，将对象概括提炼为意象，这种意象既不是对事物外在形象的简单模仿，也不是脱离对象形象的纯粹抽象符号，而是对蕴含于对象中的情、理即天道的象征和表达。例如，雷公曰：于此有人，头痛、筋挛、骨重，怯然少气，哕、噫、腹满、时惊不嗜卧，此何脏之发也？脉浮而弦，切之石坚，不知其解，复问所以三脏者，以知其比类也（《黄帝内经・示从容》）。夫经人之治病，循法守度，援物比类，化之冥冥，循上及下，何必守圣（《黄帝内经・示从容》）。这里的比类不同于修辞格之“比喻”，尤其是有别于中国古代文学之比兴用法。主要因为“它要说明的是事物的客观性质，而不是人们关于本体的某种主观感受。……另外，‘取象比类’中的本体和喻体都是象，因而，‘取象比类’是‘以象说象’”（王前，1997：299）。因此之故，在翻译和诠释此类文献时，

① 有些国外译者常将中国古代科学概念“气”英译成 vital energy。

需注意这种差异。

例 35 天为阳，地为阴；日为阳，月为阴；大小三百六十日成一岁，人亦应之。（《黄帝内经·素问》之“阴阳离合论”）

倪毛信译：Heaven and the sun are considered yang, and earth and the moon are considered yin. Because of the natural movement of heaven and earth and the sun and moon, we experience a change of long months and short months and go through three hundred and sixty-five days, which form one year in the Chinese calendar. The energy flow within the body through the channels corresponds to this. (1995: 27)

威斯译：It is said that Heaven was created by Yang (the male principle of light and life), and that the Earth was created by Yin (the female principle of darkness and death). It is said that the sun represents Yang, and that the moon represents Yin. The large and the small months[①]added together resulted in three hundred and sixty days and this made one year, and mankind always lived in accord with this system. (2002: 125)

李照国译：The heavens pertain to Yang while the Earth to Yin and the sun belongs to Yang while the moon to Yin. Altogether the long and short months amount to three hundred and sixty days that make up one year. The human body also corresponds to all these conditions. (2005: 91)

文树德译：Heaven is yang, the earth is yin; the sun is yang, the moon is yin. Longer months and shorter months, 360 days constitute one year, and man corresponds to this too. (2011: 127)

---

① 此处威斯在译本中的注释为：大月，a large month of thirty days in the lunar calendar; 小月，a small month of twenty-nine days in the lunar calendar.（汉译为：大月，即农历中有 30 天稍长的月份，小月指农历中有 29 天稍短的月份）

原文中，作者依据"取象比类"方法，认为人和自然都把阴和阳作为其本根，人在形体和精神方面都能与自然对应起来。四家译文在诠释这种科学方法时存在较大差异。仅就字数而言，倪译、威译、李译、文译四个译本的字数分别为：67 字、149 字、48 字、31 字，字数最多的译文几乎是最少字数译文的 5 倍。本研究尝试探究这种科学方法是否对译者的翻译和诠释造成影响，主要从两个方面展开：(1) "为"(如"天为阳"中的"为")的诠释；(2) "人亦应之"的诠释。

首先，关于"天为阳，地为阴；日为阳，月为阴"的翻译和诠释。此处原文依然是根据"取象比类"的方法，使天与阳，地与阴，日与阳，月与阴等之间建立一种关系。倪毛信把两者之间的关系诠释为 are considered，即"被视为"，前者被"视为"后者，被"比作"后者。这种诠释比较接近"取象比类"的科学方法。威斯将其诠释为 was created by，即"由……创造"，在前两对关系中，后者"创造了"前者；在后两对关系中，前者"代表"后者。李照国译文使用 pertain to 与 belong to 翻译和诠释"为"，意为前者"属于"后者，即要么前者是后者的一部分，要么前者是后者的下义词。依据"取象比类"的科学方法，这种诠释与这种方法有些出入。文树德译文则采用系动词 be(is)进行翻译和诠释，即前者是后者，比如，天是阳。这种诠释与倪译有相似之处，但是已有很大差别，这种差别主要体现在：在前者看来，"天"与"阳"之间的关系被人类比作"类似"或"相似"的关系，而倪译则把"天"等同于"阳"。

其次，关于"人亦应之"的翻译和诠释。倪毛信译为"The energy flow within the body through the channels corresponds to this"，即人体内的能量经过各个经络，这与人的状况相似。威斯译为"mankind always lived in accord with this system"，即人类总是依据此系统生活。李照国译为"The human body also corresponds to all these conditions"，意即人体也与此诸情形一致。文树德译为"man corresponds to this too"，意为人类亦与此相符。就"应"的翻译来看，除了威斯使用 lived in accord with 之外，其他三家均使用了 correspond to 这一词组，就它们的意义而言，后者更能符合"取象比类"方法的精神实质。

(2) 取象运数英译诠释

取象运数,亦称象数思维,是一种源自《周易》的中国古代科学方法。张其成(2016b: 201)认为,这种科学方法主要是运用带有直观、形象、感性的图像、符号、数字等象数工具来揭示认知世界的规律,通过类比、象征等手段把握认知世界的联系,从而构建宇宙统一模式的思维方式。另外,周瀚光(1992: 10)认为,这种科学方法还表现在,古人运用数学方法编制出一套整齐而严密的符号体系(卦象),然后用这套卦象去象征和概括自然界的各种事物。在徐月英等(2012: 70)看来,这种科学方法以数字为媒介,认识、推断和预测事物及其发展变化。同"取象比类"相比,这种方法是从"数"的角度考察事物之间量的相互关系,侧重于"数",即所谓"极其数,遂定天下之象"(《易・系辞上》)。遂有"由象而数,由数而象"的科学方法,张慰丰(2013: 167)谓之"物生而后有象,象生而后有数。数出天地之自然也。盖有物则有形,有形则有数"。在古代中国各种科技工具和方法都较为匮乏的条件下,这种"取象运数"的方法是比较可行的,是十分容易习得和借鉴的科学方法工具。因此,该方法后来成为中国传统科学包括天文、数学、农学、医学等各门学科带有普遍指导意义的科学方法。唐明邦(1998: 55)认为,中国传统的科学技术乐于利用数来整理自己的思想,表述思维的结果,强化思维的结果。

周瀚光(1992: 10)认为,这种科学方法步骤主要涉及两个方面:对自然界的现象作广泛的观察,然后对这些观察到的现象进行数学处理,以便于"运用数字符号来规范现实,为现象世界的各种事物、各种过程以及它们之间的有机联系和互相转化,提供广泛的类比和推测"(丁桢彦,1984: 38)。这种思维的本质就是运用"数"进行比类和象征,"也就是认为可以凭借数学方法去观察事物,这是度量事物数的依据,穷尽数的变化规律从而测定万物之形象、认识万物的本质"(王琦,2012: 411)。

例 36 天有九重,人亦有九窍;天有四时以制十二月,人亦有四肢以使十二节。天有十二月以制三百六十日,人亦有十二肢以使三百六十节。(《淮南子》之"天文训")

翟、牟译：Heaven has nine layers, therefore, a human being has nine apertures; heaven has four seasons to manipulate the twelve months, therefore, a human being has four limbs to operate the twelve main collateral changes; Heaven has twelve months to manipulate the three hundred and sixty days, therefore, a human being has twelve main collateral channels to operate the three hundred and sixty inferior collateral channels. (2010: 207)

梅杰等译：Heaven has nine layers; man also has nine orifices. Heaven has four seasons, to regulate the twelve months; Man also has four limbs, to control the twelve joints. Heaven has twelve months, to regulate the 360 days; Man also has twelve joints, to regulate the 360 nodes①. (2010: 143-144)

原文采用了"取象运数"的科学方法，将天之情形与人之器官以"数"的形式类比。本节所选例文中，作者将天之九重与人之九窍类比，天之四时决定十二月与人之四肢决定人之十二节，天之十二月决定三百六十日与人之十二肢决定三百六十节类比。从这个角度介入，可以发现，翟、牟译文与梅杰等的译文有较大差异。

"天有九重，人亦有九窍"，此句由两个小句组成，用"亦"连接。两家译文诠释之差异主要表现在对连接词的翻译上。翟、牟译为 therefore，将其诠释为因果关系，意即因为天有九重，因此，人有九窍。与此不同的是，梅杰等译为 also，意为"也"，这种诠释主要彰显一种并列关系，即正如天有九重，人也有九窍。由此表明，后者的诠释较接近"取象运数"科学方法致思下的科学发现。另外，原作中的后两句各使用了一次"亦"，翟、牟一直使用 therefore 一词，梅杰等皆采用 also 来翻译。

① 此处梅杰的注释为："nodes"(jie 节) refers to any place in the body where two bones meet.

例 37 历法,天有黄、赤二道,月有九道。此皆强名而已,非实有也。亦由天之有三百六十五度,天何尝有度,以日行三百六十五日而一期,强谓之度,以步日月五星行次而已。(《梦溪笔谈》之“象数二”)

王、赵译: In the calendric system, there are two paths in the sky, which are the ecliptic and the celestial equator. In addition the moon has nine paths. These are actually names artificially invented, for they do not really exist. Similarly the sky is divided into 365 degrees, but in reality it does not have the notion of degrees in itself. Because it takes 365 days to rotate a circle, the sky is divided into 365 degrees to mark the positions of the sun, the moon and the five planets. (2008: 265)

沈括在此文中主要说,历法的二道(黄道、赤道)、月之九道、365 度等皆为科研人员为了研究天文所需而人为拟定,非现实存在。这正是中国古代科技的主要方法之一——取数比类,这样可以将抽象的历法具体化,有助于人们的理解,进而促进人们的生活与生产。具体而言,此节中用具体数字描述的各天体都是作者人为思考的结果。针对这一思想和科学方法,译者在翻译诠释时,必须考虑到这一点。所以,原文曰“此皆强名而已,非实有也”,王、赵译为“These are actually names artificially invented, for they do not really exist”,可以回译为“实际上,它们都是人为的创制,因为事实上并不存在”。就中国古代的科学方法而言,这里的译文比较符合这种“取象运数”的科学思维方式。就译文受众而言,读者较能理解这种并非实际存有的、被人为想象出来的“天之三百六十五度”,以及中国古代科技背后的科学思维方式。下文中,译者使用了 because 一词来凸显和强调这种科学方法,即为了记录日月五星的位置,天空被划为 365 度,这是由于它运行一圈需要 365 天。这种因果关系的强化给读者提供了一种认知此二者之间关系的进路。

例 38 五行者,金、木、水、火、土也。更贵更贱,以知死生,以决成败，而定五脏之气，间甚之时，死生之期也。(《黄帝内经·素问》之"藏气法时论")

倪毛信译：When we talk about the five elements, we are discussing the dynamics of the creative and control cycles, the changes of excess and deficiency, and so forth. By understanding the principles underlying these changes, we can apply them to disease progression. We can determine the severity of a problem and its changes on an hourly basis on the very time of death. We can analyze the success of or failure of a treatment method. (1995: 90)

威斯译：The five elements are metal, wood, water, fire and earth. Their changes, their increasing value, their increasing depreciation and worthlessness serve to give knowledge of death and life and they serve to determine success and failure. They determine the strength of the five viscera, and establish their important division according to the four seasons and their dates of life and death. (2002: 198 - 199)

李照国译：The Wuxing (Five-Elements) is composed of Jin (Metal), Mu (Wood), Shui (water), Huo (Fire) and Tu (Earth), the dominating and declining changes of which are helpful for making prognosis, judging success and failure of treatment, understanding the Qi of the Five Zang-Organs, ascertaining the time when a disease becomes alleviated or worsened, and foretelling the date of impending death. (2005: 297)

文树德译：As for the five agents, these are metal, wood, water, fire, and soil. Alternately they resume high and low ranks. Through them one knows [whether a patient] will die or survive. Through them one decides about completion or destruction and [through them] one determines the [status of the] qi in the five depots, the time when [a disease] is light or serious, and the time of [a patient's] death or survival. (2011: 383)

“取象运数”——以象数作为认识的方法，是中医科学方法最基本的步骤之一。王琦认为，这种科学方法反映了“中医思维主体(医者)在认识的起始阶段，运用‘象数’作为认识的手段和工具，使认识达到主客一体、物我交融的思维境界，同时使认识过程能以简驭繁，保存客体现象的丰富性和完整性”(2012：162)。以此节选文为例，在“取象运数”科学方法的指导下，原文作者将人为创制的“五气”(水、火、金、木、土)及它们之间的相生相克之关联与人体五脏联系起来，依据这种关联判定诊断人之器官的健康状况，甚而可以预知人之去世的时间。从这个角度来看，该选文的四家译文的诠释既有差异之处，亦有相似之处。

首先，就五行的翻译而言，威斯、李照国与文树德皆明确了五行的具体内容，这种诠释可以为译文读者理解五行与五脏的关系提供较为直接的认知线索。倪毛信并未明示五行的具体内容，并且在他的译文中，五脏也未翻译(具体分析见下文)。这样，译文读者就无法对原文中“五行”与“五脏”之间“取象运数”的中医科学方法有任何理解。这种“省略式的诠释方法”较难传达和传播中国古代医学的精神。

其次，也是较为关键的一点，原文认为，依据五行状况可以确定五脏健康情形，集中体现了“取象运数”科学方法的精神实质。就此选文的四种译文而言，威斯译、李照国与文树德等均将五脏诠释出来，威斯的诠释为 five viscera(意为“五脏”)，李照国译为 Five Zang-Organs(意为“五藏器官”)，文译诠释为 five depots(意为“五个储藏之地”)，倪毛信个人自我诠释的空间比较大，未翻译“五脏”。

另外，根据“定五脏之气”中“定”的翻译可以确定译者如何诠释“五行”与“五脏”之间的关系，因为在这句话中，“定”为动词，而动词在英语句式中扮演着至关重要的角色，可以确定主语和宾语的关系以及主语的特征、性质、功能等。就原作来看，它旨在表达这样一种中医原理：五行的变化有助于医者了解患者五脏的状况，进而确定其病情。威斯的译文为“They determine the strength of the five viscera”，意为它们确定五脏的力量。李照国译文的主要句式结构为“are helpful for making prognosis ... understanding the Qi of ... ascertaining the time when ... ”，这一结构的大意是“有助于诊断……有助于理解……有助于确定……”，这种诠释比较吻合“取象运数”的中国古代医学方法，即人们可以首先对五行观察和分析，观察和分析的结果可以帮助医生对患者的病情作出判断，进而施治。文译的主要结构为“Through them one decides (about)”，意为“通过它们，我们可以确定”，这一诠释方式与威斯译文较为相似，偏重于“直译”。倪译的结构为：“we can apply them (principles underlying these changes)... we can determine ... , we can analyze ... ”此结构可以回译为“通过分析这些原则，我们可以确定……可以分析……”。这种诠释与李译有相似之处。

可见，在理解和诠释以“取象运数”为科学方法的中国古代医学时，符合这种科学方法的诠释十分重要，否则将无法诠释出原作的精神。李译在其译文中诠释中国古代医学“取象运数”这一科学方法时，能够较为接近原作的精神和本真。

6.4.2　逻辑思维方法英译诠释

对于当代科技而言，其支柱性的方法主要是逻辑学和实验。逻辑学是当代科技精髓和论证的保障，渗透于当代科技各个领域的论证，如人工智能逻辑、数理逻辑、模态逻辑等。中国古代科学研究与技术发明的方法除了上文提及的“象思维”之外，还涉及与逻辑相关的一些方法，其中尤以“墨家”(尤其是后期墨家)的逻辑方法最为系统与科学。中国墨家的科技逻辑在中国古代科技史上自成一家，独树一帜，颇具规模，在中国其他科技典籍作品中亦有所体现。这些逻辑方法与肇始于西方的逻辑学相比，既有相同之处，更有差异之处。就墨家科技与逻辑学的关系来看，何萍、李维武(1994：127－128)认为，“墨家的科学成就是与其逻辑学研究相联系的。一方面，对自然科学，特别是光学、力学、几何学的浓厚兴趣，使他们更重视对事物的分析，形成了分析的、原子论的思维方式…… 另一方面，逻辑学研究的成果，又促进了他们对自然科学的研究，如在力学、几何学、科学宇宙论方面所下的一些重要定义”。这二者相互促进，甚至可以说,在墨家的科技研究中,逻辑学已经成为其科学方法的重要组成部分。

中国古代科技研究和发明或多或少都与某种科学方法有关,或采取这种方式,或采取那种方式,才有了中国古代科技的辉煌。墨家就是最明显的例子,墨家(主要是指后期墨家)的科技及其逻辑在中国古代科技历史上留下了浓墨重彩的一笔。就其科技逻辑方法而言,墨家后期的科技逻辑思想极富中国特色,同一般的科技典籍中的逻辑方法相比,差别较大。

下面将集中探究墨家的科技逻辑方法的翻译与诠释。许多学者对墨家科技逻辑方法有过专门的论述,如詹剑锋所著《墨家的形式逻辑》(1979)、沈有鼎著《墨经的逻辑学》(1982)、朱志凯著《墨经中的逻辑学说》(1988)、徐希燕著《墨学研究》(2001)、杨武金著《墨经逻辑研究》(2004)、冯契著《中国古代哲学的逻辑发展》(2009),汪奠基著《中国逻辑思想史》(2012)、孙中原著《墨学七讲》(2014),等等。关于其他逻辑方法的研究则散见于不同科技典籍作品及其他体裁的典籍文献。

本节主要从类、故、推理(理)、归纳、演绎等方面展开讨论。这些逻辑科学思想主要来自《墨子》,有些零散的逻辑思想源自其他古代科技作品。需要说明的是,囿于篇幅,对个别与中国古代科技相关的逻辑方法未能逐一论述。

6.4.2.1 "分类之法"的英译诠释

例 39 夫辞以类行者也,立辞而不明于其类,则必困矣。(《墨子》之"大取")

汪、王译:Judgment is developed with the help of the categorization. If a judgment is made with no known reason, such a judgment cannot hold water. (2006: 407)

李绍崑译:Since categorization is used in dialectics, if you want to establish your dialectics correctly and do not understand categorization, surely you will be confused. (2009: 234)

约翰斯顿译：If words (statements, propositions) are set up without there being clarity about similarities (kinds, classes), for sure there will be difficulty. (2010：613)

《墨子》中的科学思想十分重视“类”(分类)的科学方法，此句便是其中颇具代表性的一例。“类”即“客观存在的事物之间的类属关系”(张长明，2008：131)，明确具有相同属性的事物之间的这种“类”的关系有利于人们认识客观事物，进而认识世界，认识自然。此处的选文也强调，言辞必须重视“分类”的重要性，否则“必困”。

通过分析三家译文，可以发现他们在诠释“类”(分类)这一科学方法时存在较大的差异。

本节首先考察三个译本关于“类”的诠释。“类”在所引用的这句话中出现了两次。汪、王译文为 categorization(类别)和 known reason(人所共知的原因)。李绍崑译文两处“类”都翻译为 categorization，该词是由 category 变衍而来的动词化名词，意为“分类”。译者之所以选择该词，可能出于逻辑学的考量，因为译者在翻译上下文中的“辞”时，使用的是 dialectics，意为“辩证法”。在此语境下，比较容易理解为何译者使用 categorization 而非 class 或 kind。约翰斯顿的译文更为开放、宽松、包容，其译文为 similarities (kinds, classes)，即相似、类、种、属，这种诠释也更接近原作的意义。

另外，就原作中“辞”的诠释来看，三种译文也存在很大差异。三家译文分别为 judgment、dialectics 和 words、statements、propositions，意义分别为“判断”“辩证法”“词汇、陈述、命题”。原文中的“辞”意为“言辞、文辞”，意义比较接近第三种诠释。虽然有较大差异，但是它们之间也有相似之处。要言之，前两家译文的诠释受现代逻辑学的影响较大，无论是 judgment(判断)，还是 dialectics(辩证法)，都与现代的逻辑学相关。

6.4.2.2　“异类不比”的英译诠释

《墨经》提出关于事物类比的“异类不比”原则。冯契(2009：175)认为，这里的所谓“异类不比”就是“性质不同类的事物不好进行数量上的比较”。《淮南子》中的分类方法应用也非常广泛，成为该书的主要科学技术方法，如“土地各以其类生”“皆象其气，皆应其类”（《淮南子·地形训》），又如“毛羽者，飞行之类也，故属于阳；介鳞者，蛰伏之类也，故属于阴”（《淮南子·天文训》）。这种科学方法把具有同样属性和特征的事物放在一起研究分析，可以揭示它们之间的共同特征，为进一步研究它们之间的联系奠定基础。这种方法主要“基于各个自然领域存在的普遍联系，循着相似性的原则，使人根据已熟悉领域的特点、各部分之间的关系、变化规律推知未知领域的特点、各部分之间的关系、变化规律”（王巧慧，2009：220）。

例 40 木与夜孰长？智与粟孰多？爵、亲、行、贾，四者孰贵？（《墨子》之“经说下”）

李绍崑译：Which is longer: a piece of wood or a night? Which do you have more of: wisdom or grain? Which is more valuable to you: your rank, your parents, your conduct, or your high self-esteem? (2009: 204)

汪、王译：Which is longer? A plank of wood or a night? Which of you possess more, wisdom or grains? Which is more valuable, rank or parents or virtue or grains? (2010: 367)

约翰斯顿译：Difference: Of wood and night, which is the longer? Of knowledge and grain, which is the Greater? Of the four things—rank, family, good conduct and price—which is the most valuable? (2010: 475)

依据这种“异类不比”的科学原则，作者认为，木头无法与夜比长短，因为木头的长短是空间意义上的，而夜之长短则以时间为衡量依据。同样，智慧无法与粟米比多寡，因为前者是精神层面的、抽象的，而后者是具体的、物质的。同理，爵位与亲属，操行与商品价格等，它们之间都是无法进行比较的，因为它们不属于同一类物体。这种科技方法在实际科技工作中用得比较频繁，对于翻译和诠释此类文献有着重要影响。以上三家译本在诠释这种科技方法时存在一些差异。例如，关于原文中“异”的翻译，译文存在一些不同。在“异类不比”的原则下，“异”对于理解和认识墨家的科技逻辑思想有着重要的指导作用，即不同类别的事物不能作比较。李绍崑译文与汪、王译文颇为相似，将该词略去不译，直接说“Which is longer? A plank of wood or a night?”，即“木板和夜晚哪个更长？”对于后两句的阐释亦是如此。约翰斯顿译本将该词译出，其译文为“Difference: Of wood and night, which is the longer?”可以按字面回译为“不同：木与夜谁长？”这种诠释与原作内容与思想几乎毫无二致，较能诠释原作的科技思想。

例 41　毛羽者，飞行之类也，故属于阳；介鳞者，蛰伏之类也，故属于阴。(《淮南子》之“天文训”)

翟、牟译：Creatures with feather can fly, so, they belong to Yang. Creatures with crust and scute hibernate in winter, so, they belong to Yin. (2010:129)

梅杰等译：Hairy and feathered creatures make up the class of flying and walking things and are subject to yang. Creatures with scales and shells make up the class of creeping and hiding things and are subject to yin. (2010: 116)

分类法旨在考察“不同现象或事物之间的相似性并将它们加以联系”(吾淳，2002: 213)，并尽力探求两个相似性事物或现象之间的因果联系。不过，在中国古代科技思维中，这种科学方法的逻辑性相对弱一些。对比两家译文，可以发现它们之间存在一些诠释差异，主要表现为以下方面：

首先，对逻辑关系词“故”的诠释，主要体现在译文中高逻辑值连接词的使用上。对比两个译文，可以发现，翟、牟译文使用了具有逻辑语法功能的连接词 so，而梅杰等未使用具有此功能的连接词。有翅膀的生物会飞,所以它们属于“阳”。下一句同理,即这些具有坚硬外壳和鳞片的生物在冬天冬眠,所以它们属于“阴”。相比较而言,梅杰等没有使用具有高逻辑值的连接词(如 so、therefore 等),而是用 and 连接,明显不如翟、牟译文突出强调这种逻辑关系。

其次,对于“属于”的诠释,两个译本在这方面诠释的差异亦是十分突出。翟、牟译文直接采用 belong to,梅杰等的译文使用了 be subject to。在古汉语中,“属于”比较明显地表明两个事物之间的从属关系,或类属关系,“A 属于 B”,就某个评判标准,A 类属于 B,换言之,A 是 B 的一种。就此语义讲,belong to 的语义值明显高于 be subject to。

再次,就整个句式的诠释而言,梅杰等的译文诠释更接近于原作,翟、牟译文将句序打乱,可以回译为:有翅膀的生物会飞,因此它们属于阳;有硬外壳和鳞片的生物在冬天冬眠,所以它们属于阴。

最后,对于“类”的诠释,翟、牟译文并未明示“毛羽者,飞行之类也”之间的类属关系,即凡是长有毛羽的生物都是飞行类生物。翟、牟译文可以回译为“长有羽毛的生物能够飞翔”。该译文的诠释仅仅交代了一个事实,没有明确此类生物共有特征与其类别之间的关系。而梅杰等的译文使用 make up the class of flying and walking things 则比较明晰地诠释出这种关系。两个译本对于“介鳞者,蛰伏之类也”翻译诠释亦是如此。

6.4.2.3 “同异交得”的英译诠释

“同异交得”是后期墨家提出的一种分类原则,是指人们在认识和理解世界的过程中需要对事物进行分类。在对同类事物分类时,既需考虑被比较事物之间的相同之处,又需考虑它们之间的相异之处。何萍、李维武(1994: 129)认为,唯有如此,才能“把握所比较事物的性质。这实际上是要求在比较事物时坚持一般与个别相结合的原则”。

例 42 同异交得,于福家良,恕有无也。比度,多少也;免轫还圆,去就也;鸟折用桐,坚柔也。(《墨子》之“经说上”)

李绍崑译:tung (sameness) and yi (difference): In their interplay, the following become relative: in the case of rich family, you notice the haves and the have not; in the comparison, you can measure the more and the less; in the case of moving this way or that way, you can depart or approach; in the case of retreating or attacking, you can be hard or soft. (2009: 198)

汪、王译: The co-existence of sameness and difference: A man from a rich family may have wisdom or may not have wisdom. In comparison and measurement, A may have more than B but less than C. When a snake and an earthworm twist and turn, they are stretching out and drawing back. The bird builds its nest with phoenix-tree twigs because they are both firm and flexible. (2010: 361)

约翰斯顿译: Sameness and difference are interrelated: In the case of a rich family and intuitive knowledge, there is having and not having. In the case of comparing and measuring, there is much and little. In the case of snakes and earthworms, there is turning and circling, going away and approaching. In the case of a bird flying or a beetle moving, there is hard and soft. (2010: 455)

李约瑟译: Agreement and difference being taken together, what exists in a thing and what does not can be set forth. For example, the practice in wealthy families of achieving reciprocity in the exchange of the good things they possess for those which they do not, by measurement, allowing so many oysters in return for so many silkworms. (1956: 177)

原文先给出“同异交得”这一科技逻辑思想,然后结合案例进行解释说明其所指。高亨(1954: 34)认为,这一原则主要表达了这样一种科学逻辑思维,即客观事物的同和异是一种对立存在,同一事物有对立矛盾的两个方面,充分体现了客观事物的统一性和矛盾性。孙中原(1990: 57/2006: 7)对此持相似观点,认为同一性和差异性相互渗透,同一对象中存在着对立和差异。后面所举例子皆是要说明这一原则，比如，“于福家良，恕有无也”，即是说，富裕之家有财产、有房产等，而他们家的仆人则一无所有。又如“比度，多少也”则是说，同一个数，在不同的比较度量关系上，既可以表现为多，也可以表现为少。这些例子均体现了“同异交得”的逻辑思维方式。这种逻辑思想制约译者对原文的翻译与诠释。通过对比以上四种版本的英译，可以发现它们之间存在很大的诠释差异。

首先，就“同异交得”的翻译和诠释而言，李绍崑译本的诠释为“同和异的相互作用体现了所举案例中的两个方面”。汪、王译本认为，同和异是共存的。约翰斯顿的译文将同和异的关系视为“互相关联的”。与前三家诠释相比，李约瑟译文差别较大，比如关于“同”的翻译，其他三家译文皆为 sameness，而李约瑟译为 agreement，意为“一致”，如观点的一致。他对这种原则的诠释是，如果把同和异放在一起考虑，就可以显示事物包含什么和不包含什么。其次，关于“于福家良，恕有无也”，前三个译本较为相似，都较为明显地诠释了这种逻辑原则，而差异主要表现为对“有的内容”的翻译。李约瑟的诠释相对比较灵活，距这种原则的实质相对较远。再次，关于“比度，多少也”，通过对比可以发现，依据这种逻辑原则，汪、王译文、约翰斯顿译文，以及李绍崑译文比较接近，即在比较、测量时，既可以表现为多，也可以表现为少。而李约瑟译文与此差异较大，译者以意译为主，将这几个例子视为一个整体翻译，未从“比度，多少也”这一单一案例所体现的“同异交得”进行诠释。据高亨（1954：37），“免轫还圆，去就也”意为“把车的轫木去掉，把车的辕头转过来，这个行动是离开这个地方到达那个地方的初步行动”。从所要离开的这个地方来看是去，从所要走到的地方来看是就。原作想要强调的是，对待同一事物或事件，从不同的角度观察、思考，会得到不同的结论。对比四个英译本，可以发现，前三个译本都能体现这种逻辑思维方式，虽然在个别地方存在一些差异，如对于“免轫”“还圆”的翻译和诠释，李绍崑译本就没译出“免轫”之意，汪、王译本与约翰斯顿译本皆将其原意译出。关于“还圆”，他们的处理方式也不尽相同。然而，从“同异交得”的逻辑思维方式来考察的话，三家的诠释都体现了这种逻辑方法。李约瑟译文，如前所言，译者采取意译和减译的方法将原文中的多个例子与前面关于“同异交得”的内容融合在一起。这可能与李约瑟重在介绍中国古代墨家的科学思想有关。

6.4.2.4 “类比推理”的英译诠释

类比是中国古代科技的重要方法，中国古代的科学家在进行科技研究的过程中，“常常用已知的现象和过程同未知的现象和过程相比较，找出它们的共同点、相似点或相联系的地方，然后以此为根据推测未知的现象和过程也可能具有已知的现象和过程的某些特性和规律”（马世品、张涛光，1989：5）。这种科学方法在中国古代科技研究中应用广泛。本研究所选语料《黄帝内经》《淮南子》《墨子》《梦溪笔谈》都曾使用过这种方法。类比方法对于中国古代科学和技术而言至关重要，正如吾淳（2002：214）所言：“古代中国之所以能长期在科学技术方面保持一种发明创造的传统，并且其成就也举世无双，这在相当大的程度上都是和类比思维的运用分不开的。”

类比以客观事物的同一性和差异性作为基础，同一性的存在提供了类比的可能性。客观事物往往有这样的情形，当它们某些特性相似时，其他一些特性也相似或相近（马世品、张涛光，1989：6）。其特征表现出与西方逻辑不同的理论旨趣，主要体现在，中国古代类比思维多在“天象”“地法”“人事”之间作类比。这种类比思维是从“天、地、人”系统整体思维衍生出来的，体现了系统的整体思维（参见周山，2010：116）。类比思维主要通过两种方式实现，即联想和比较，前者从新信息引起对已有知识的回忆，科技工作者需要在新旧信息之间进行思考，以发现新知识或创制新产品；后者通过在新旧信息之间寻找相似或相异之处，即异中求同，或者同中求异。

例43 见窾木浮而知为舟，见飞蓬转而知为车，见鸟迹而知著书，以类取之。（《淮南子》之“说山训”）

翟、牟译：When men saw hollow wood drifting on water, they learned to make boats from it. When men saw fleabane going round and round in the sky, they learned to make carriages from it. When they saw the footsteps by birds, they invented written characters. This is analogizing external things and taking them as models. (2010: 1173)

梅杰等译: You might see a hollow boat floating and understand how to make a boat or see flying leaves spinning in the air and understand how to make a cart [wheel] or see a bird scratching and understand how to write characters. This is to acquire things by means of correlative categories. (2010: 645)

此处所选文字充分体现了《淮南子》科技思想的逻辑方法——类比推理思想"以类取",以客观事物的同一性或相似性为比较的起点和依据,据此作进一步的推理。这种科学方法的客观实质是从个别到个别的推理。在本节所选案例中,作者认为,从"窾木浮"可知如何"为舟",由"飞蓬转"而知怎样"为车",据"鸟迹"可学如何"著书",这些都是"以类取"——类比的具体例子。

就"见窾木浮而知为舟"的翻译而言,比较两家译文会发现,翟、牟译文更能体现这种"类比推理"的科学方法,可以更好地诠释原作的科学思想,译文依据这种思想主要阐明了"窾木浮"与"为舟"之间的类比关系;与此不同,梅杰等的译文指明的却是由 a hollow boat floating 到 make a boat 的类比,即"空船"到"制船"的比较,进而言之,由"船"到"制船"。可见,这种比较与类比思想有许多差异。由此看来,第一种译文的诠释更能体现"类比"方法。另外值得关注的是两个译者对"见鸟迹而知著书"的诠释。原文是由"鸟迹"到"著书",即依据鸟爪在地面上走动形成的痕迹形状、图像来造字。两个译文亦有很大出入,第一个译文诠释为,人们依据鸟爪的痕迹创制书写文字;第二个译文将原文诠释为根据鸟爪的踪迹学会写字。最后,是关于"以类取之"的翻译,翟、牟译文可以大致回译为"这就是将外在事物进行类比,并以此为模型";梅杰等译文可回译为"这即是通过相关类别的方法获得事物"。

6.4.2.5 “归纳推理”的英译诠释

无论对于西方科技还是中国古代科技，归纳推理是至为重要的科技方法之一。归纳推理既是“科学推理的标志，也是科学方法的标志”(Tomassi，2002：7－8)。这种方法就是从有限的个体的特征归纳出一些该事物的共有特征，进而认为，所有的此类事物都具有这种特征。这种推理方式在人类认识自然界和改造自然界的过程中扮演着十分重要的角色。“归纳为同我们密切相关的推理提供了起点或者探索的基础。我们进行归纳推理，以确立在我们日常生活中的真理。了解有关我们的社会的事实，理解自然世界”(Copi & Cohen，2009：482)。在中国古代科技中，归纳法被普遍使用，例如，《淮南子》一书中的许多科学思想就是由作者使用了归纳推理的方法而获得。

能否反映这种科技方法对于此类文本的翻译极为重要，这是不同于其他文本翻译的主要特征之一，即科技精髓大于其他文本属性，如文学性。赖斯(Reiss，2004：26)将文本的类型主要分为三类：表情型文本(expressive texts)，信息型文本(informative texts)和操作型文本(operative texts)。其实，大部分文本都属于复合型文本，尤其是中国科技典籍，但是在众多复合型特征之中会有一些主要特征，如中国科技典籍侧重于“信息型”，偏重逻辑与内容。所以，翻译此类文本时，译者应关注其科学方法。

例44 受光于隙，照一隅；受光于牖，照北壁；受光于户，照室中无遗物；况受光于宇宙乎！天下莫不藉明于其前矣。由此观之，所受者小，则所见者浅；所受者大，则所照者博。(《淮南子》之“说山训”)

翟、牟译： Sunlight permeating through a crevice can illuminate a corner; sunlight permeating through a window can illuminate the northern wall; sunlight permeating through the door can illuminate everything in the room; let alone sunlight permeating from the universe! Nothing under heaven does not resort to its light. By this token, if the receiver of the light is small, the area that can be illuminated is also small; if the receiver of the light is large, the area that can be illuminated is also large. (2010: 1175)

梅杰等译: If you get light through a crack [in the wall], it can illuminate a corner; if you get light from a window, it can illuminate the north wall; if you get light from a doorway, it can illuminate the everything in the room, omitting nothing; How much more [would be illuminated] if the light received were from the whole universe! There would be nothing in the world it did not illuminate. Looking at things in this way, if what you get [light from] is small, what you see is shallow; if what you get [light from] is large, what you see is vast. (2010: 646)

原文采用了层层递进式的归纳方法,"经过多次列举一个命题的前件与后件的联系,从而发现前件与后件之间的规律性,这是探求事物联系的共变型科学归纳法"(王巧慧,2009: 241 - 242)。依据这种科学思维方式,作者认为:

受光于隙,照一隅
受光于牖,照北壁
受光于户,照全室
受光于宇宙,照天下

依据以上诸种情形,作者归纳"所受者小,则所见者浅;所受者大,则所照者博",即受光的面积越大,光照的面积就越大。上文下画线文字十分明显地体现了这种科学方法:由小到大,层层递进,直至达到结论。

两家译文关于归纳过程的翻译和诠释比较接近,也较能体现"归纳推理"的逻辑思想。以"受光于隙,照一隅"为例,翟、牟译为"Sunlight permeating through a crevice can illuminate a corner”,意为“透过缝隙照进来的阳光可以照亮一个角落”。梅杰等的译文为“If you get light through a crack [in the wall], it can illuminate a corner”,可回译为“从墙壁缝隙穿过的阳光能够照亮一个角落”。可以发现,这两种翻译诠释结果基本相同,差异很小,但在措辞造句方面存在较大差异,例如,词汇方面存在差异:permeate 与 get,crevice 与 crack in the wall;句式的差异同样很大,一家译文为“Sunlight permeating can ...”,另一家译文为“If you ... , it can ...”。很明显,无论从词汇角度衡量,还是从句法层面评价,两种翻译差异都很大。但是,值得思考,又十分有意义的是,如果从“归纳推理”这一科学方法来评判,会有截然不同的发现和结果,即两者几乎没有什么差异。这应该引起对此类文本翻译策略,尤其是翻译评价标准以及翻译批评的重新思考和再认识。这也表明,对原文的翻译,可以有不同的诠释,但是诠释重点不在于字句的对应与对等,而应聚焦此类文本背后的科技方法和思想。选文的结论,也体现了翻译此类文本所体现的诠释的实质,不过度受制于形,不过多局限于义,宜重视“神”,即原文所体现的科学方法。

6.4.2.6 “演绎推理”的英译诠释

查尔默斯(Chalmers,1982: 10)称:“科学是从经验事实推导出来的知识,科学理论是严格地从观察和实验得到的经验事实中推导出来的。”仅有对自然界的表象观察无法获得科学知识,不能发明技术产品,必须要有人类(主要是科学家、思想家等)借助一定的方法对观察和实验的数据进行思考,才能促进和改进人类对自然的认识,推动人类的思想进程,改善人类的生活。这里突出的一点就是“推论”,没有这一步,则没有科学技术。

演绎推理是另一种科技思维方式,是从一般到个别的推理过程。依据具有某些共同属性的一类物体,则其中一个物体也具有这类物体的属性。詹剑峰(1979: 107)认为,《大取篇》中的“夫辞,以类行者也”“是演绎的基本原则,因为演绎是从普遍到特殊,也可以说,以个别的或特殊的事例联系于普遍的类，从而得出结论”。许多中国古代科学研究，如中国古代逻辑的集大成者《墨经》，中医的主要古籍《黄帝内经》，都使用了这一科学思维方式。

例 45 止，类以行之，说在同。(《墨子》之“经下”)

止。彼以此其然也，说是其然也；我以此其不然也，疑是其然也。(《墨子》之“经说”)

李绍崑译：Chih Lui (Fixation of Categories) It is for arguing with others. It depends on commonality. chih lui: He argues that it is so of the thing it is, on the grounds that it is so of the instance here; I argue that it is not so of the instance here and doubt that it is so of the thing it is. Thus, both of us have some commonality. (2009: 202)

汪、王译：Negation: The negation of something may proceed from the negation of something similar to it, because only the things of the same category can have common grounds. (2006: 333)

Negation: If someone thinks that it is like this, he argues that it is like this; if I think that it is not like this, I suspect that it is not like this. (2006: 365)

约翰斯顿译：C: Stopping is effected by means of classes. The explanation lies in sameness.

E: Stopping: Another, on the basis of these being so, says this is so. I, on the basis of these not being so, call in question this being so. (If these are so and this is necessarily so, then all [are so]). (2010: 467)

所选文字充分体现了墨家“演绎推理”的思想，即同类之间有其相同、相通之处，它们是一致的。根据詹剑峰(1979: 107)的研究，可以将“彼以此其然也，说是其然也；我以此其不然也，疑是其然也”理解为，彼说“其”为“是”者，以“此”为“其”也，故“此”然“是”必然，因两者相一致也。试以

A代“此”，B代“是”，C代“其”，则可得下列公式：C是B(其为是)；A是C(此为其)；故A是B(“此”然“是”必然)。这是典型的演绎推理。孔祥敏(2008：24)称其为“止式推论”，“止”是《墨子》中一种特殊的反驳推理方式，运用这种方式进行反驳时，所列举的反例一定要与对方的例证是同类，即“说在同”。具体而言，用反例反驳对方用简单枚举归纳推理得出的一般命题，或用对方演绎推理的大前提否定来怀疑对方演绎出的个别结论。

“止，类以行之，说在同”这一原则的前提是，所演绎之物需同类。三家对于“止，类以行之”的诠释存在较大差异，李绍崑译文的诠释为：止的功能是用来与别人辩论的。汪、王译本比较接近逻辑学解释，更贴近原作，其诠释为：欲反驳某物，须以同类、相似的事物反驳之。而约翰斯顿译本采用“字对字”(word for word)的翻译方式，其译文可以回译为“停止是由同类事物引起的”。不难发现，这种诠释较难传达原作的意思，更不用说能反映《墨子》的科技逻辑思想。据此，可以说，在翻译中国科技典籍作品中的科技思想时，字对字的诠释方式很多时候是行不通的，无法表达原作的意思，甚至译文都无法达意。

对于“彼以此其然也，说是其然也”的推论方式，孔祥敏(2008：26)将这种推论方式阐释为“所有人是黑的，李四是人，所以李四是黑的”。在这种推论中，对方用简单枚举的方式得出结论，这种结论有很大的或然性，这也是卡尔·波普尔(Karl Popper)(1986)批判“逻辑实证主义”问题的要害。在此基础上，他进而提出了“可证伪性”“可证伪度”等科学概念。《墨子》提出的科学逻辑思想本质上同于“可证伪性”，但比它早了2000多年。因为怀疑简单推理的结论，以此简单推论为大前提就更值得怀疑了，可以用反面事例来反驳对方演绎出的结论。其推论过程如下：

张三不是黑的，(此其不然也)
并非所有的人都是黑的。
李四是人；
所以，李四是黑的吗？(疑是其然也)

在这种演绎推理中，大前提不一定真实。另外，大前提主项中的个体不一定具有同类的性质，所以，同一类中的个别事物不必然具有此类的属性特征。因此，由此大前提得出的结论不一定正确（孔祥敏，2008：26）。故《墨子》说“疑是其然也”。关于“彼以此其然也，说是其然也”的翻译，三个译本相似，较能诠释原作的这种逻辑思想。对于“我以此其不然也，疑是其然也”，李绍崑译文的诠释为：我认为，不一定如此，故怀疑之；汪、王译文的诠释为：如果我认为并非如此，我便怀疑之；约翰斯顿的诠释是：鉴于并非如此，所以我就怀疑它不是这样。前两家的诠释比较接近，即都将原文诠释为“如果我不这么看，则不必这么看”。第三家的诠释则不同，认为其前提不是我假设的，而是实际情况并非如此，即其大前提是不正确的，所以我便怀疑之，这种怀疑的依据不是因为是你说的，我就怀疑。

例 46 夫阴阳逆从，标本之为道也，小而大，言一而知百病之害；少而多，浅而薄，可以言一而知百也。（《黄帝内经・素问》之“标本病传论”）

倪毛信译：Yin and yang, determining the disease nature of normal and abnormal and biao/secondary and ben/primary may seem of minor import. But the value of correct application is great, because knowing these principles allows one to know the depth of the disease. Then one can deduce the progression and scope of the illness. The reasoning is quite simple, yet clinically it is difficult to grasp. (1995: 231)

李照国译：The principle [for applying] Yin and Yang, Ni and Cong as well as Biao and Ben [in treating diseases] seems to be simple, [but is] significant in [application]. [If one] understands this principle, [he may] know the harm of all diseases. [That means] to know more [information] and to obtain more knowledge, extending [one's knowledge from] one [typical matter] to one hundred [other similar cases]. (2005: 721)

文树德译：As for the Way of yin and yang, opposition and

compliance,[11] tip and root, [it may seem] small but it is big. A statement on one [disease] results in knowledge on the harm[12] caused by the one hundred diseases.[13] [It may seem] diminished but it is plentiful. [It may seem] shallow but it is wide. One can make a statement on one [example] and knows one hundred. (2011: 161)

对于选文中所阐述的科学方法,邢玉瑞(2005: 221)称之为“阴阳模式推理方法”,这也是《黄帝内经》中最基本、最常用的推理模式之一。原文旨在表达的观点是:阴阳、逆从、标本皆为中医治病的原则和方法,理解了阴阳、逆从、标本的道理,就可以让人们由小知大,由一知百。

就演绎推理的科学方法而言,以上三种译文存在诠释的差异。与后两家译文相比,倪译以较为自由的诠释为主,在翻译这种演绎推理时,译者使用了deduce(演绎)一词,是三家译本中唯一使用该词的译本。译者使用西方的“逻辑学”术语翻译和诠释中国古代医学典籍中的相关性内容,认为“言一而知百病之害”“可以言一而知百也”,这已经是或接近西方的演绎推理。其诠释虽未与原作在形式上保持高度一致,从整体而言,对中医的科学方式做到了较好的诠释。李照国与文树德的翻译和诠释较为接近,虽未使用deduce一词,但是从译文来看,对于“言一而知百病之害”“可以言一而知百也”的诠释都能体现这种逻辑思想。李照国译本诠释为:知悉和获得更多的知识,并将其从某一典型事物延伸至更多的相似案例中;文树德译本诠释为:人们可以依据对一个案例的认识而知悉更多的情形。

6.4.3 其他科技方法英译诠释

6.4.3.1 “观察方法”的英译诠释

观察法是近代科学的主要特征之一,更在中国古代科技活动中扮演了重要角色。例如,中国古代的炼丹术、火药等都是经过相关人员的反复观察，经历失败、发现错误、纠正错误、再实验观察等环节，才最终取得成功。所谓观察，“就是人通过感官或借助仪器工具，取得对自然现象的直觉认识，是对客观事物相似和重复出现情况的注意”（荣伟群、庄国强，1996：47）。《周易》也认为，“古者包牺氏之王天下也，仰则观象于天，俯则观法于地，观鸟兽之文于地之宜，近取诸身，远取诸物，于是始作八卦，以通神明之德，以类万物之情”（《周易·系辞下》）。这是中国古代对观察方法最早的认知。墨家的科学研究大量地使用这种方法，如《墨子》中所说，“为究知而悬于欲也”“观为穷知而悬于欲之理”。即是说，探究知识是人的愿望，而观察则是实现这种愿望的主要途径。至于“实验”之法，《墨子》则有“法同”“法异”之说。书中的“小孔成像”即是中国古代最著名的实验之一。其实，无论是《黄帝内经》《淮南子》，还是《梦溪笔谈》，以及其他中国科技典籍作品，无不是以观察之法为基础。

这种观察法既是中国古代科技的主要方式之一，又成为其重要特征之一。周瀚光（1992：83－86）认为，“勤于观察”是中国古代科学方法的主要特点之一，“中国古代科学方法勤于观察的特点，赋予中国传统科技的发展以一种独特的风格，而这种风格直到现在仍有其时代的魅力。古代的科学家们在勤于观察的同时，还勤于记录，力图客观地、细致地、完整地、连续地把观察到的事实材料详尽地记录下来”。孟庆刚（2011：156）研究了中医观察法的主要特征，认为其特征主要表现在四个方面：观察的全面性、观察的整体性、观察的动态性、观察的系统性。这种科学方法在许多中国科技典籍中均有所体现，那么译者翻译时，在其诠释中就应该体现之。

例 47　见，体、尽。（《墨子》之“经上”）

见：时者，体也。二者，尽也。（《墨子》之“经说上”）

汪、王译：“To see something” may mean “to see part of something” or “to see something as a whole”.（2006：325）

“To see something”：If one sees only one aspect of something，he is said to “see part of something”；if one sees every aspect of something, he is said to "see something as a whole". (2006: 359)

李绍崑译: Chien (Vision): the process from individual to universal.

Chien: Anything specific is individual and anything more than two can be universal. (2009: 196)

约翰斯顿译: C: Jian (见— to see) is partial or complete.

E: Jian (见— to see): [Seeing] one aspect is "partial". [Seeing] two (all) aspects is "complete". (2010: 447)

观察法是墨家特别重视的一种科学方法,无论从事社会生活实践,还是理论著述,这种方法都成为他们重要的研究工具。所选段落根据徐希燕(2001: 83)的解释,意思是"观察,可分为仅见局部的片面观察和囊括整体的全面观察两种。只观察到事物的某一方面,为体见;能观察到事物的各个方面,为尽见"。墨子此处非常清楚地指出科学观察的两种方法和标准,即体见和尽见。对墨子指出的科学方法的理解会影响译者对原作的诠释。

通过对比以上三家译文可以发现,汪、王译文与约翰斯顿的译文比较接近,也更能诠释原作"观察法"的本意。前者的诠释为:观察某物,即观察某物的部分或是全部。若仅观察某物的一个方面,则是观察某物的部分;若能观察某物的所有方面,则称为从整体上观察某物。相比较而言,后者的诠释较为简洁:观察或为部分,或为整体。观察一个方面称为片面观察,观察两个(全部)方面则为全面的观察。李绍崑译文与两者相比差别很大,其诠释为:观察是一种由个别到一般的过程,任何特殊之物皆为个别,超过两个方面的则为一般。

6.4.3.2 "实验方法"的英译诠释

实验方法是观察的延续,以观察到的某些事实为依据,旨在"探索未知和未曾释明的事实,或判断验证某一理论、某一假设是否符合观察到的事实,使其重复再现,以便从中找到规律性的东西"(荣伟群、庄国强,

1996：47)。

例 48 欲知其应者，先调诸弦令声和，乃剪纸人加弦上，鼓其应弦，则纸人跃，他弦即不动，声律高下苟同，虽在他琴鼓之，应弦亦震，此之谓正声。(《梦溪笔谈》之“补笔谈”)

王、赵译：If a man wants to know the resonant strings of a stringed instrument, he should regulate all the strings to make the musical sounds harmonious. Then he should cut a paper man from a piece of paper, and put it on a string. When plucking the string that echoes with it, the paper man on the corresponding string will tremble. When plucking other strings, it will not tremble. Providing that the pitch is the same, the resonant string will echo even if the music is played on a string in another *qin*. This is the so-called “standard tone”. (2008：899)

所选内容记录了沈括所做“声乐共振实验”的步骤，即先调好各弦，以使音声和谐，然后再剪纸，呈人形，并将其放在一弦上。接着便弹奏此弦，则纸人跳动。若弹奏其他琴弦，纸人不动。但是放置纸人的琴弦之声律如果同其他声律相同，弹奏后的应弦即震动，那么纸人亦随之跳动。

这种实验方法虽然显得有些粗糙，然而却已经具备了近代科学实验的主要特征。因此，在诠释和翻译此类文献时，不应再将研究的视角仅仅局限于表面的字句，而应关注译者对原文中这种科学方法的诠释状况如何。就此段的翻译来看，以原文为基础，译者首先交代了实验的目的，即研究乐器的应声。然后便逐步实施各个步骤，如剪纸人，并置于弦上，随之鼓动相应的弦，则纸人动；如若拨动其他弦，纸人无反应。因此，证明了若声律相同，即便是在另一个琴上抚之，也会产生共鸣之声。这就是该实验的结论，原文作者将其称为“正声”。

6.4.3.3 “经验方法”的英译诠释

经验方法被称为“最重要的方法类别之一”。实际上，人类认识世界、改造世界都是依靠经验方法。如邢玉瑞(2010: 29)所言:"经验思维是人类思维发展历史中最早的基本形式与一个必经阶段,也是人类思维活动发展的历史基础和逻辑前提,它普遍存在于人类日常生活的诸多领域之中。"中国古代科技的"经验性"更为明显。吾淳(2002: 190)认为,古代中国的知识是"经验"的,所以,要深入了解或把握中国古代的知识或科学技术活动,就应当从了解或把握其经验特征入手。沈清松(2016: 55)通过对比西方近代科学技术与传统中国科学技术,发现后者来自直观或经验概括。

经验方法的特征主要表现为其抽象程度不高,邢玉瑞(2010: 31)认为,这种抽象出的共同属性具有直接性的特点,并未深入对象的内部联系,还不能揭示对象的本质。同时,就其表达形式而言,经验命题是运用句子表达的组合经验概念形成,以经验为内涵的经验逻辑形式。由于经验概念的内涵和外延都是经验,揭示其内涵的命题只能是对此经验的描述。这种科学方法在中国科技典籍中使用较多。

例 49 何谓三表?子墨子言曰:有本之者,有原之者,有用之者。于何本之?上本之于古者圣王之事;于何原之?下原察百姓耳目之实;于何用之?废以为刑政,观其中国家百姓人民之利。此所谓言有三表也。(《墨子》之"非命上")

汪、王译: What are the three standards? Master Mozi said: "They are the standard of investigating historical facts, the standard of verifying the true facts and the standard of application and observation. How to investigate historical facts, namely, the deeds of the ancient sage kings, how to verify the true facts, namely, what the people see and hear every day and how to apply the words into the practice, namely, applying what they say into law and order and observing whether they could bring benefit to the state and the people. These are the so-called three standards." (2006: 273)

李绍崑译: What are these three tests? Master Mo said: Its

originality, its verifiability, and its applicability. How was it originated? It should be originated from the historical deeds of the ancient sages. How was it verified? It can be verified by the sense of hearing and the sight of the ordinary people. How is it applied? It can be applied by adopting it in the government and offering benefits to the state and its people. This is what I meant by three tests of every doctrine. (2009: 158)

约翰斯顿译: What are the three criteria? Master Mo Zi spoke, saying: There is the foundation; there is the source; there is the application. In what is the foundation? The foundation is in the actions of the ancient sage kings above. In what is the source? The source is in the truth of the evidence of the eyes and ears of the common people below. In what is the application? It emanates from government policy and is seen in the benefit to the ordinary people of the state. These are what are termed the 'three criteria'. (2010: 319 - 321)

如上文所言,在中国古代诸多科学方法中,墨家的科学方法最接近近代西方科学方法。墨子提出了许多方法,此处列举的"三表法"极具代表性。这种科学方法十分重视历史实际经验,主张理论与实际相结合,考虑人民的实际需求和是否对人民有利。所谓"古者圣王之事",就是考察前人的间接经验;所谓"察百姓耳目之实",就是要确定人们所获得的直接经验,考察实际情况;所谓"观其中国家百姓人民之利",就是要考察言行对于当下国家和老百姓的效用。三家译文对这一科学方法的诠释存在一些差异。由此可以看出,经验之法在此"三表"论述中有着重要作用。

首先,就"三表"的英译而言,汪、王译文与约翰斯顿译文相仿,standard 与 criteria 均有"标准"之意。李绍崑则将其诠释为 test,意为"检查、测试",与前者有一定的差异。其次,就"于何本之?上本之于古者圣王之事"的诠释来看,汪、王译为"How to investigate historical facts, namely, the deeds of the ancient sage kings",意为"如何调查历史事实,即古代圣贤的事迹”。李绍崑译为“How was it originated? It should be originated from the historical deeds of the ancient sages”，意即“它是如何源初的？它源自古代贤者的历史事迹”。约翰斯顿译文“In what is the foundation? The foundation is in the actions of the ancient sage kings above.”可以回译为“以何为本？以古代先贤事迹为本”。由此可以发现，三家译文的差异主要体现在对文中“于何本之”之“本”的诠释，译文分别为 investigate、originate 和 foundation。investigate 意为“调查、研究”，这种诠释更为接近此类科技方法——经验方法。

关于“于何原之？下原察百姓耳目之实”的诠释，汪、王译文、李绍崑译文和约翰斯顿译文分别为：“how to verify the true facts, namely, what do the people see and hear every day”“How was it verified? It can be verified by the sense of hearing and the sight of the ordinary people.”“In what is the source? The source is in the truth of the evidence of the eyes and ears of the common people below.”对于文中“原”的翻译，前两种译文都使用了 verify 一词，意为“证实”。第三家译文使用了 source，比较接近原文的字面意义。而就此节所讨论的古代科学方法——经验方法而言，verify 更能反映这种意思。最后，就“于何用之？废以为刑政，观其中国家百姓人民之利”的诠释来看，针对“用”，三种译本都用 apply 或 application 来诠释，即“把……应用到……”，与原作的科学方法的精神实质比较接近。

6.4.3.4　“察类明故”的英译诠释

如前文所言，“察类明故”是中国古代具有特色的科学方法，在墨家科技中的体现尤为突出。这一方法的根本目的就在于要察究事物和现象背后的原因，即“明故”之意。这便是西方科技所赖以定义的科技——探其缘由。《墨子》中大都采用“说在……”这一结构表示作者要说出事物之缘由，如“一少于二而多于五。说在建位。”正如林振武(2009：118)所说：“墨家把对原因(即‘故’)的认识作为研究事物的出发点。”察类的目的是确保论说、证明、撰文时概念的一致性，这也是确保科学研究的基本前提。

“察类是为了明故，明故则是获得正确认识的必要前提。”(耿静波、韩剑英，2009：52)陈孟麟(1985：123)对此有十分深刻的见解，他说，类是本质的思想，墨子是用“察类明故”这一语词加以表达的。从墨子看，一类事物的本质，就是一类事物所以然之“故”，也就是这类事物所以成其为这类事物的原因，即规律性。所以，“明故”乃是掌握这类事物所具有的、不但是普遍的而且是必然的东西，必然性就是本质，也就是类。

例 50 故，小故，有之不必然，无之必无然。体也，若有端。大故，有之必然，无之必不然，若见之成见也。(《墨子》之“经说上”)

汪、王译：The cause can be divided into the minor cause and the major cause. It is not certain that the minor cause will bring about the present state of things, but it is certain that the absence of the minor cause will not bring about the present state of things. The cause is just like a part of a whole or a point in a line. It is certain that the major cause will bring about the present state of things and that the absence of the major cause will not bring about the present state of things. (2006：347)

李绍崑译：ku：“Minor cause”：having this，it will necessarily exist as such；lacking this，it will not necessarily exist (like hearing a point). “Major cause”：having this，it will necessarily exist as such；lacking this，it necessarily will not exist as such (like perceiving the completing of seeing). (2009：184)

约翰斯顿译：Cause：When there is a minor cause，something is not necessarily so；when there is not，something is necessarily not so. It is a part — like a point. When there is a major cause，something is necessarily so；when there is not，something is necessarily not so. Like seeing something completes seeing. (2010：375)

在此引文中，作者探究了“故”之分类、“故”与事之状态的关系、小故与不必然的联系、大故与必不然的关联，此其明故也。就其翻译和诠释来看，首先，三家译文都将“故”诠释为 cause，“大故”为 major cause，“小故”为 minor cause，这一诠释和翻译比较统一，充分显出中国科技典籍中术语，尤其是原文中对于“故”与事物状态（必然性与或然性）之间的关联。其次，就“故”与事物样态之间的关系而言，一方面，就“小故，有之不必然，无之必不然”来看，汪、王译本与约翰斯顿译本较为相似，其诠释比较贴近原作，而李绍崑译本与原作意义有较大出入，其译文为“having this, it will necessarily exist as such; lacking this, it will not necessarily exist (like hearing a point)”，意为：有之，必然如此；无之，必不然。

6.5　小　结

中国古代科技方法主要包括象思维科学方法、逻辑方法以及其他科学方法。这些方法直接决定了中国古代科技的形式、特征及其表现样式。中国科技典籍的这些方法被译介到英语中时对翻译和诠释有影响及制约作用。研究发现，结合这些科学方法本质与特征的诠释更能体现原作的科学方法精神。

本章主要依据中国古代科技方法论的属性和本质考察译者在翻译此类文本时如何诠释所选中国科技典籍中的科学思想。本研究发现，虽然不同译文的语言表层不同，但是如果就中国古代科技方法而言，其诠释的结果却比较相似，都能体现中国古代科技方法的实质。

第七章　结　论

7.1　本研究的发现

中国科技典籍成果丰硕，是中国传统文化“走出去”的核心内容之一。如何向世界讲好中国科技典籍的故事，成为新时代相关部门与学者亟待破解的重大课题。具体而言，其核心问题在于，如何诠释与翻译中国科技典籍作品。本研究从诠释学的视角考察中国科技典籍，从本体论、认识论和方法论三个层面对中国科技典籍的英译本展开研究。其目的在于：一方面，从中国科技典籍的本来面貌诠释此类文献，另一方面，又要考虑到译者、读者、出版商等对于诠释与翻译的影响。希冀该研究对于中国科技典籍英译、出版发行与海外传播有一定的借鉴意义和推动作用。

本研究有以下发现：

首先，中国科技典籍的英译过程就是译者对原作诠释的过程。中国科技典籍在诸多方面不同于当代科技作品，比如中国科技典籍具有人文性、哲学性、整体性、直觉性等特点，这与当代科技作品有较大差异。这是中国科技典籍需要诠释的根源所在。本研究第四章至第六章的译例充分证明了这一点。据此可以探究译者如何依循中国科技(典籍)自身的属性与特质对其诠释。

其次，就本体而言，中国古代科技本体根源性范畴主要涉及道、气、阴阳、五行及其相关术语，其本体特征主要有哲学性(辩证统一观、有机整体观)、人文性、直觉性/经验性。从这些方面可以揭示中国古代科技的本真面貌，描述译者在翻译过程中，是如何诠释这些本体根源性范畴与本体特质的。本研究发现，译者采取了自证式诠释、描述性诠释、自解性诠释，这些策略有利于实现文内意义构建、保证意义的一致性以及诠释中国古代科技本体根源性范畴的多元特征。另外，此类文献的英译诠释以客观性为主，兼有主体性与多元性，这种主体性与多元性受制于客观性与有效性。最后，研究还发现，所选语料的前人训诂学成果对于译者诠释此类文本有着十分重要的参考价值。

第三，就认识论来看，文本作为一种能指，是译者解读其可能的所指的客体，因此，可以从客体(文本)和主体(译者)两个层面探讨中国科技典籍英译的诠释方式。就前者而言，中国科技典籍具有多义性、修辞性等特征；就后者而言，前理解、主体间性(包括译者与赞助人、译者与作者、译者与读者等之间的互动)、视域融合对于译者诠释此类文献发挥着十分重要的作用。虽说译者在诠释此类文本时具有一定的主体性和创造性，但是这种主体性与创造性受其科技属性限制和制约。

第四，就中国古代科技的方法论而言，本研究从以下方面展开：象思维方法(分为四个层次：原象、类象、拟象、大象；两种方法：取象比类、象数思维)、逻辑方法(分类之法、异类不比、同异交得、类比推理、归纳推理、演绎推理)(主要是墨家思想)、观察方法、验迹原理(沈括科学方法)、实验方法、经验方法、察类明故，等等。从以上诸方面考察译者如何诠释中国科技典籍，可以从更深层面剖析此类文献的英译。研究发现，就语言比较来看，虽然不同译者诠释的结果不甚相同，但是如果就中国古代科技方法而言，其诠释的结果却比较相似，能体现中国古代科技方法。

最后，本文尝试系统构建中国科技典籍英译的诠释学框架。该框架主要以诠释学为视角，从本体论、认识论和方法论三个层面探究中国科技典籍英译的诠释方式。本研究结果表明，该框架可以从整体上对中国科技典籍的英译进行诠释学解读，进而揭示中国科技典籍英译的整体特征与实现方式，对于同类文本的翻译具有实践借鉴意义和理论指导意义。

7.2 本研究的价值与创新

本研究的最大价值在于，从总体上探究中国科技典籍英译的诠释方式。此整体性涉及多个层次，首先，就中国古代科技领域来说，它突破了以往仅研究单个领域的局限(如中医)，而是将研究触角延伸至多个领域。其次，就中国古代科技自身属性而言，既有本体根源性范畴与本体属性，又有认识客体与主体，以及中国古代科技方法。整体性研究有利于揭示中国古代科技的总体特征，避免碎片化的零星研究，更能揭示中国科技典籍的整体属性与特质。由这两个层面构筑的系统性研究能够较为全面地反映中国古代科技英译的真实状况，可以为译者翻译同类文献提供有益的借鉴和参考。

其次，本研究突破以往的“语词对等，句式通顺”分析路径与批评范式，将分析的视域渗入中国科技典籍的本体论、认识论与方法论。突破了“语言表层结构对等”思维的局限，既考察中国古代科技“是什么”，更关注影响译者英译的诸多主体性诠释因素。前者涉及中国科技典籍的本体根源性范畴与特征、文本属性以及方法，后者与译者相关的诸多诠释因素有关。

本研究最主要的创新在于，依循中国科技典籍自身的属性与特质，尝试构建包括本体论、认识论和方法论在内的中国科技典籍英译的诠释模式，既拓展了此类文献英译的研究路径，更鼓励人们从诠释学的角度对此类文献解读与翻译，是诠释学与翻译学的跨界面研究，可为科技典籍的翻译与海外传播提供学理依据。

本研究的另一创新在于，从诠释学的视角探析中国科技典籍英译。以往“自然需要说明，人文需要理解”的观点阻碍了人们从诠释学的角度研究自然科学的脚步，更阻滞了从诠释学视角探究中国科技典籍的尝试。本研究一方面以诠释学为研究工具，描述所选语料被翻译时的诠释情形，借助于某些诠释学理论，但并非以某一个单独的理论一以贯之。另一方面以诠释学为视角，对比分析不同译本的诠释异同。

7.3 本研究的局限与不足

本研究尝试以诠释学为视角，从整体上探究中国科技典籍英译。这一目标着实宏伟远大，一方面，它具有很强的哲学性，另一方面，这一任务因其跨越历史长河、又具有很强的跨学科性，有的方面超出了本人的研究能力。归纳起来，本研究主要有以下局限与不足，敬请相关专家学者批评指正。

首先，就研究领域和研究文本而言，本研究虽然已经比以往研究有了很大拓展，不再仅仅局限于某一个领域，如医药、茶典等，但却难以涵盖所有领域。除了时间因素之外，还有一个主要原因，即绝大多数中国古代科技作品还未被翻译，所以研究缺乏充分的语料。就研究的英译版本而言，有的科技典籍的英译本并未搜集全面。这对于探究译者对原作的诠释有一定的影响。今后的研究可以在这方面取得更大突破。

其次，就研究方法来看，虽然本研究采用了多种方法，但是仍有待进一步充实完善，例如可以采用定性研究与定量研究相结合的方法，尤其可以借鉴语料库方法增强研究的证据性。

最后，就中国古代科技的内容，尤其是它的本体根源性范畴而言，本研究主要从气、道、阴阳、五行等方面考察它们在译为英语时是如何被诠释的，虽然这些范畴能够在很大程度上代表中国古代科技的范畴，却并非其全部。希望本研究能成为“抛砖引玉”之作，未来有更多的专业人士投入这一研究领域。

7.4 未来研究的前景与展望

当下，国家大力助推中国传统优秀文化“走出去”和构建有中国特质的古代科技思想体系、学术体系和话语体系，鼓励中国文化参与国际文化多元化的构建。在此语境下，中国科技典籍成为中国古代文化“走出去”

的重要内容,更是中国古代科技参与国际科技范式多元化构建的主要内容。故此,十分有必要对中国科技典籍展开翻译、诠释、叙事、出版、传播等多学科的全方位研究。今后的相关研究可从以下方面推进。

首先,拓展中国科技典籍本体根源性范畴及特征英译诠释研究。囿于学科知识及时间之限,本研究对于中国古代科技的本体根源性范畴的探讨不是十分全面,力争在以后的研究中将此方面的研究向纵深推进。

其次,拓展中国科技典籍的研究领域及其外语译本语料。今后研究应该选择更多的科技领域,如数学、地学、冶金、生物,等等。可以依据不同的专题分类,研究其英译的诠释。同时,还要扩大英译本及其他语种译本的搜集与研究,这也是当下研究亟待解决的课题之一。当下相关研究多以中国科技典籍的英译本为主,其他译本,比如日语译本、法语译本、德语译本、阿拉伯语译本等涉及较少,尤其是日语译本和阿拉伯语译本,而中国科技典籍早期向日本和阿拉伯国家输入的比较多,相关的译本也比较多。此外,还应该增加对中国少数民族科技典籍语料译本的研究,比如藏族与回族等都有着丰富的科技典籍。

第三,促进研究理论的多元化。多学科理论的介入,使得对此类文本翻译的诠释更为合理科学。本研究主要以诠释学为视角,借用了一些西方的诠释学理论,主要是哲学诠释学,以及少许中国的训诂学为理论工具。今后的研究可以借鉴中国诠释学以及其他相关领域的理论,更为全面与多元地研究中国科技典籍英译的诠释。

最后,拓展研究方法。除了本研究使用的方法之外,还可以借鉴其他研究方法,例如语料库方法,今后的相关研究可以将质化研究与量化研究相结合,借助于语料库工具为该领域的研究提供更为翔实具体的案例,突出强化该研究的描述性,并对其展开历时与共时对比研究。

参考文献

ARISTOTLE. On Rhetoric [M]. A. K. George, Trans. Oxford: Oxford University Press, 2007.

AUDI R. The Cambridge Dictionary of Philosophy [Z]. Cambridge: Cambridge University Press, 1999.

BETZ F. Managing Science: Methodology and Organization of Research (Innovation, Technology, and Knowledge Management) [M]. Berlin: Springer, 2011.

BLACKBURN S. Oxford Dictionary of Philosophy [Z]. Shanghai: Shanghai Foreign Language Education Press, 2000.

Britannica Concise Encyclopedia [Z]. Shanghai: Shanghai Foreign Language Education Press, 2008.

BUNNIN N. & YU J Y. The Blackwell Dictionary of Western Philosophy[Z]. Oxford: Blackwell Publishing, 2004.

CHAD H S. Language and Logic in Ancient China[M]. Michigan: University of Michigan Press, 1983.

CHENG C H. Inter-explanation of the Classics: Qing Scholars' Methods for Interpreting the Five Classics[C]//TU C I. (Ed.), Interpretation and Intellectual Change: Chinese Hermeneutics in Historical Perspective. New Brunswick: Transaction Publishers, 2005.

COPI I M. & COHEN C. Introduction to Logic[M]. New York: Routledge, 2009.

CRAIG E. The Shorter Routledge Encyclopedia of Philosophy[M]. London and New York: Routledge, 2005.

CREASE R P. Hermeneutics and the Natural Science [M]. Dordrecht: Kluwer Academic Publishers, 1997.

FU D W. On Mengxi Bitan's World of Marginalities and "South-pointing Needles"[C]//ALLETON V & LACKNER M. (Eds.). De L'un Au Multiple. Paris: Editions de la Maison des Sciences de L'homme, 1995.

GRAHAM A C. Later Mohist Logic, Ethics and Science [M]. Hong Kong: The Chinese University of Hong Kong Press, 1978.

HEMPEL C. Philosophy of Natural Science [M]. New Jersey: Prentice-Hall, Inc., 2006.

HUSSERL E. Cartesian Meditations: An Introduction to Phenomenology [M]. Trans. DORION C. Dordrecht: Kluwer Academic Publishers Group, 1982.

JACQUETTE D. Ontology[M]. Bucks: Acumen Publishing Limited, 2002.

KIM J. Beyond Paradigm: Making Transcultural Connections in a Scientific Translation of Acupuncture [J]. Social Science & Medicine, 2006, 62: 2960 - 2972.

LAKOFF G & JOHNSON M. Metaphors We Live by[M]. Chicago and London: The University of Chicago Press, 1980.

LEFEVERE A. Translation, Rewriting and the Manipulation of Literary Fame [M]. Shanghai: Shanghai Foreign Language Education Press, 2004.

LIU A. The Huainanzi[M]. Trans. MAJOR J, et al. New York: Columbia University Press, 2010.

LIU A. Huai Nan Zi[M]. Trans. ZHAI J Y，MOU A P. Guilin：Guangxi Normal University Press，2010.

Longman Dictionary of Contemporary English [Z]. Essex：Pearson Education Limited，2010.

LOWE E. J. The Four-Category Ontology[M]. Oxford：Clarendon Press，2006.

MARX W. The Meaning of Aristotle's "Ontology"[M]. The Hague：Marlinus Nijhoff，1954.

MO D. Mozi[M]. Trans. WANG R P，WANG H. Changsha：Hunan People's Publishing House，2006.

MO D. The Complete Works of Motzu [M]. Trans. CYRUS Y. Beijing：The Commercial Press，2009.

MO D. The Mozi：A Complete Translation[M]. Trans. JOHNSTON I. Hong Kong：The Chinese University of Hong Kong Press，2010.

NEEDHAM J. Science and Civilization in China (Volume 1) [M]. Cambridge：Cambridge University Press，1954.

NEEDHAM J. Science and Technology in China (Volume 2) [M]. Cambridge：Cambridge University Press，1956.

NEEDHAM J. Science and Civilization in China (Volume 3) [M]. Cambridge：Cambridge University Press，1959.

NEEDHAM J. Science and Civilization in China (Volume 4) [M]. Cambridge：Cambridge University Press，1962.

NEEDHAM J. Science and Civilization in China (Volume 4 Part 3：Physics and Physical Technology：Civil Engineering and Nautics) [M]. Cambridge：Cambridge University Press，1971.

OGDEN C K & RICHARDS I A. The Meaning of Meaning[M]. New York：Harcourt，Brace & World，Inc，1923.

ORMISTON G L & SCHRIFT A D. Transforming the Hermeneutic Context：From Nietzsche to Nancy[M]. Albany：State University of New York Press, 1990.

PALMER R E. Hermeneutics: Interpretation Theory in Schleiermacher, Dilthey, Heidegger and Gadamer[M]. Evanston: Northwestern University Press, 1969.

POPPER K. Conjectures and Refutations: The Growth of Scientific Knowledge[M]. London: Routledge, 1963.

PRITZKER S et al. Considerations in the Translation of Chinese Medicine[M]. UCLA Center for East-West Medicine, 2014.

QUINE W V O. On What There Is[J]. Review of Metaphysics, 1948, 2: 21-38.

REISS K. Translation Criticism: The Potentials and Limitations[M]. Trans. RHODES E F. Shanghai: Shanghai Foreign Language Education Press, 2004.

RICHARDS B. Beyond Objectivism and Relativism: Science, Hermeneutics, and Praxis[M]. Pennsylvania: Univerisity of Pennsylvania Press, 1983.

RICHARDS I A. The Philosophy of Rhetoric[M]. New York: Oxford University Press, 1936.

RICOEUR P. Hermeneutics and the Human Sciences: Essays on Language, Action and Interpretation[M]. Trans. THOMPSON J B. Cambridge: Cambridge University Press, 1981.

RICOEUR P. On Translation[M]. Trans. HENNESSY E B. New York: Routledge, 2006.

ROTH H D. Huainanzi: The Pinnacle of Classical Daoist Syncretism [C]//LIU X G. (Ed.), Dao Companion to Daoist Philosophy. Berlin: Springer, 2015.

SCHLEIERMACHER F. Hermeneutics and Criticism and Other Writings[M]. Trans. ANDREW B. Cambridge: Cambridge University Press, 1998.

SCHLEIERMACHER F. On the Different Methods of Translating [C]//ROBINSON D. (Ed.). Western Translation Theory: From Herodotus to Nietzsche. Beijing: Foreign Language Teaching and Research Press, 2006.

SCHÖKEL L A. A Manual of Hermeneutics[M]. Sheffield: Sheffield Academic Press Ltd., 1998.

SEEBOLM T M. Hermeneutics: Method and Methodology [M]. London: Kluwer Academic Publishers, 2004.

SELLMANN J D. Book Review: The Huainanzi[J]. Dao, 2013, 2: 267 - 270.

SHEN K. Brush Talks from Dream Brook[M]. Trans. WANG H, ZHAO Z. Chengdu: Sichuan Publishing Group, 2008.

SHUTTLEWORTH M & COWIE M. Dictionary of Translation Studies [Z]. Shanghai: Shanghai Foreign Language Education Press, 2014.

STEINER G. After Babel: Aspects of Language and Translation[M]. Shanghai: Shanghai Foreign Language Education Press, 2001.

STOLZE R. The Hermeneutical Approach to Translation[J]. Vertimo Studijos (Translation Studies), 2015,5: 30 - 42.

The Yellow Emperor's Classic of Medicine [M]. Trans. NI M S. Boston: Shambhala Publications, Inc., 1995.

The Yellow Emperor's Classic of Internal Medicine [M]. Trans. VEITH I. Berkley & Los Angeles: University of California Press, 2002.

The Yellow Emperor's Classic of Internal Medicine[M]. Trans. LI Z G. Xi'an: Xi'an World Publishing Corporation, 2005.

TOMASSI P. Logic [M]. New York: Routledge, 2002.

VOLKOV A. Commentaries upon Commentaries: The Translation of the Jiu Zhang Suan Shu 九章算术 by Karine Chemla and Guo

Shuchun[J]. Historia Mathematica, 2010, 37: 281-301.

WENNING C J. Scientific Epistemology: How Scientists Know What They Know[J]. Journal of Physics Teacher Education, 2009(2): 3-15.

WILLIAMSON A. The Contribution of Musical Theory to an Ancient Chinese Concept of the Universe[C]//TYMIENIECKA A T & ATTILA G (Eds.) Astronomy and Civilization in the New Enlightenment: Passions of the Skies. Berlin: Springer, 2011.

WISEMAN N. Translation of Chinese Medical Terms: A Source-Oriented Approach [D]. Unpublished doctoral dissertation, University of Exeter, 2000.

WISEMAN N. Translation of Chinese Medical Terms: Not Just a Matter of Words[J]. Clinical Acupuncture and Oriental Medicine, 2001, 1: 29-59.

爱因斯坦. 爱因斯坦文集(第一卷)[M]. 许良英,等编译. 北京:商务印书馆,1976.

艾柯,等. 诠释与过度诠释[M]. 王宇根,译. 北京:生活·读书·新知三联书店,1997.

安乐哲,郝大维. 切中伦常:《中庸》的新诠与新译[M]. 彭国翔,译. 北京:中国社会科学出版社,2011.

巴尔特. 符号学原理[M]. 李幼蒸,译. 北京:中国人民大学出版社,2008.

包通法. 论"象思维"样式与汉典籍外译[J]. 外语学刊,2015(6):89-94.

包通法,陈洁.《浪淘沙词·九首之六》英译的主体间性理论评析[J]. 外语学刊,2012(5):113-116.

波普尔. 猜想与反驳:科学知识的增长[M]. 傅季重,等译. 上海:上海译文出版社,1986.

薄树人,李家明. 中国历史大辞典·科技史卷[M]. 上海:上海辞书出版社,2000.

柏拉图. 柏拉图全集:第一卷[M]. 王晓朝,译. 北京:人民出版社,2002.

不列颠百科全书(国际中文版):第十五卷[Z].北京:中国大百科全书出版社,2002.
查尔默斯.科学究竟是什么[M].查汝强,等译.北京:商务印书馆,1982.
陈大亮.翻译研究:从主体性到主体间性转向[J].中国翻译,2005(2):3-9.
陈凤.中国古代科技观的本体诠释研究[J].前沿,2014(12):69-70.
陈广忠.《淮南子》的成书、传播与影响[J].船山学刊,1996(2):101-112.
陈广忠.淮南子科技思想[M].合肥:安徽大学出版社,2000.
陈海飞.解释学基本理论研究[M].北京:中央党史出版社,2005.
陈孟麟.从类概念的发生发展看中国古代逻辑思想的萌芽和逻辑科学的建立——兼与吴建国同志商榷[J].中国社会科学,1985(4):117-127.
陈一平.淮南子校注译[M].广州:广东人民出版社,1994.
辞海编辑委员会.辞海[Z].上海:上海辞书出版社,1980.
崔清田.墨家逻辑与亚里士多德逻辑比较研究——兼论逻辑与文化[M].北京:人民出版社,2004.
戴俊霞.《墨子》的海外流传及其英译[J].安徽工业大学学报(社会科学版),2013(1):56-58.
戴黍.国外《淮南子》研究[J].哲学动态,2003(4):44-47.
邓晓芒.论中西本体论的差异[J].世界哲学,2004(1):17-28.
狄尔泰.历史中的意义[M].艾彦,译.北京:北京联合出版公司,2013.
丁立福.国外首部《淮南子》英语全译本研究[J].淮南师范学院学报,2015(3):72-75.
丁立福.《淮南子》对外译介传播研究[J].中国石油大学学报(社会科学版),2016(3):72-78.
丁桢彦.《易传》的象数观念和古代科学的“取象”“运数”方法[J].社会科学,1984(9):37-40.
董英哲.中国科学思想史[M].西安:陕西人民出版社,1990.
杜石然,等.中国科学技术史稿[M].北京:科学出版社,1982.
方光华.中国古代本体思想史稿[M].北京:中国社会科学出版社,2005.
冯达文.中国哲学的本源——本体论[M].广州:广东人民出版社,2001.

冯契. 中国古代哲学的逻辑发展(上、中、下册)[M]. 上海:上海人民出版社,1983.
冯契. 论中国古代的科学方法[J]. 哲学研究,1984(2)58-66.
冯契. 中国古代哲学的逻辑发展[M]. 上海:东方出版中心,2009.
弗卢. 新哲学词典[Z]. 黄颂杰,等译. 上海:上海译文出版社,1992.
傅灵婴.《黄帝内经·素问》语义模糊数词英译研究[D]. 南京中医药大学,2009.
傅维康,吴鸿洲. 黄帝内经导读(第二版)[M]. 成都:巴蜀书社,1996.
高晨阳. 中国传统思维方式研究[M]. 北京:科学出版社,2012.
高亨. 墨经中一个逻辑规律——同异交得[J]. 山东大学学报,1954(4):33-43.
葛校琴. 后现代语境下的译者主体性研究[M]. 上海:上海译文出版社,2006.
格朗丹. 哲学解释学导论[M]. 何卫平,译. 北京:商务印书馆,2009.
格朗丹. 诠释学真理?——论伽达默尔的真理概念[M]. 洪汉鼎,译. 北京:商务印书馆,2015.
耿洪江. 认识论史稿[M]. 贵阳:贵州人民出版社,1992.
耿静波,韩剑英. 墨子"三表法"与"察类明故"思想研究[J]. 北京工业大学学报(社会科学版),2009(5):50-54.
龚光明. 翻译认知修辞学[M]. 上海:上海交通大学出版社,2012.
苟小泉. 中国传统哲学本体论形态研究[M]. 北京:北京师范大学出版社,2013.
谷荣兴,姚启明,何哲. 中国传统科学的核心理念与历史价值——兼论中国古代有没有科学与中国为什么没能产生近代科学[J]. 湖南师范大学社会科学学报,2009(6):113-118.
管成学. 浅谈科技古籍的翻译[J]. 古籍整理研究学刊,1986(2):8-11.
郭贵春. 隐喻、修辞与科学解释[M]. 北京:科学出版社,2007.
郭鸿. 现代西方符号学纲要[M]. 上海:复旦大学出版社,2008.
郭尚兴. 论中国古代科技术语英译的历史与文化认知[J]. 上海翻译,2008

(4):59 - 62.
郭小林,杨舰.科学方法[M].北京:科学出版社,2013.
郭在贻.训诂学[M].北京:中华书局,2005.
哈贝马斯:关键概念[M].杨礼银,朱松峰,译.南京:江苏人民出版社,2009.
海德格尔.存在论:实际性的解释学[M].何卫平,译.北京:人民出版社,2009.
海德格尔.存在与时间[M].陈嘉映,王庆节,译.北京:商务印书馆,2015a.
海德格尔.形而上学导论[M].王庆节,译.北京:商务印书馆,2015b.
韩祥临,汪晓勤.沈康身等著《英译〈九章算术〉及其历代注疏》[J].中国科技史料,2001(2):185 - 194.
合仲.几种论翻译的著作[J].西方语文,1959(3):173 - 176.
何德红.诠释学与翻译研究:理论梳理与问题反思[J].天津外国语学院学报,2009(4):12 - 17.
何萍,李维武.中国传统科学方法的嬗变[M].杭州:浙江科学技术出版社,1994.
何琼.《茶经》英译的几个问题——以 Francsi Ross Carpenter 和姜欣等英译本为例[J].农业考古,2013(5):201 - 205.
何卫平.圣经解释学的内涵及其发展概略[J].江苏社会科学,2001(4):115 - 120.
何卫平.解释学之维——问题与研究[M].北京:人民出版社,2009.
何玉蔚.对过度诠释的诠释[M].北京:中国社会科学出版社,2009.
黑格尔.哲学史演讲录(第四卷)[M].贺麟,王太庆,译.北京:商务印书馆,1978.
洪汉鼎.诠释学——它的历史和当代发展[M].北京:人民出版社,2001a.
洪汉鼎.理解与诠释——诠释学经典文选[M].北京:东方出版社,2001b.
洪汉鼎.诠释学转向:哲学诠释学导论[M].北京:商务印书馆,2010.
洪梅.近 30 年中医名词术语英译标准化的历程[D].中国中医科学院,

2008.
侯跃辉.《黄帝内经·素问》中修辞格英译的异化与归化研究综述[J].中华中医药学刊,2013(12):2761-2764.
胡化凯.中国古代科学思想二十讲[M].合肥:中国科学技术大学出版社,2013.
胡骄平,刘伟.中西哲学入门[M].北京:国防工业出版社,2012.
胡曙中.现代英语修辞学[M].上海:上海外语教育出版社,2004.
胡治洪,丁四新.辨异观同论中西——安乐哲教授访谈录[J].中国哲学史,2006(4):112-118.
胡宗锋,艾福旗.训诂与典籍英译——以《论语》英译为例[J].英语研究,2016(1):77-82.
黄光惠.《黄帝内经·素问》上—下空间隐喻英译研究[J].宿州学院学报,2014(11):66-68.
黄卫星,李彬.传播:从主体性到主体间性[J].南京社会科学,2012(12):90-97.
黄小寒."自然之书"读解——科学诠释学[J].上海:上海译文出版社,2002.
伽达默尔.诠释学 I:真理与方法[M].洪汉鼎,译.北京:商务印书馆,2010.
伽达默尔.诠释学 II:真理与方法[M].洪汉鼎,译.北京:商务印书馆,2010.
江国樑.周易原理与古代科技[M].厦门:鹭江出版社,1990.
江天骥.科学哲学名著选读[M].武汉:湖北人民出版社,1988.
姜宝昌.墨经训释[M].济南:齐鲁书社,1993.
姜国柱.中国认识论史[M].武汉:武汉大学出版社,2013.
姜欣,姜怡.《茶经》英译[M].长沙:湖南人民出版社,2009.
姜欣.古茶诗的跨语际符号转换与机辅翻译研究[D].大连理工大学博士学位论文,2010.
姜怡.基于文本互文性分析计算的典籍翻译研究[D].大连理工大学博士

学位论文,2010.
蒋基昌,文娟.《黄帝内经》四个英译本的对比研究——基于广西中医药大学短期留学生调查问卷的统计学分析[J].学术论坛,2013(1):197-200.
蒋林.中药名及其功效的汉英翻译[J].中国科技翻译,2002(4):55-57.
蒋骞.重释伽达默尔哲学阐释学在翻译研究中的应用——兼评《黄帝内经·素问》的三个英译[D].四川外国语大学硕士学位论文,2010.
蒋谦.论意象思维在中国古代科技发展中的地位与作用[J].江汉论坛,2006(5):25-31.
蒋学军.中医典籍英译中的文化图式及其翻译[J].中国科技翻译,2010(1):34-38.
金岳霖.形式逻辑(第二版)[M].北京:人民出版社,2006.
金珍珍,龙明慧.信息论视角下的《茶经》英译与茶文化传播[J].宁波教育学院学报,2014(2):65-69.
靳斌.真实如何呈现:阐释学视野下的纪录片叙事策略[M].北京:社会科学文献出版社,2016.
康中乾.有无之辨——魏晋玄学本体思想再解读[M].北京:人民出版社,2003.
科恩.世界的重新创造:近代科学是如何产生的[M].张卜天,译.长沙:湖南科学技术出版社,2012.
孔祥敏.论《墨经》的故、理、类对推论的作用[D].秦皇岛:燕山大学硕士学位论文,2008.
赖特.解释与理解[M].张留华,译.杭州:浙江大学出版社,2016.
兰凤利.《黄帝内经·素问》翻译实例分析[J].中国翻译,2004a(4):73-76.
兰凤利.《黄帝内经·素问》的译介及在西方的传播[J].中华医史杂志,2004b(3):180-183.
兰凤利.《黄帝内经·素问》英译事业的描述性研究(1)[J].中国中西医结合杂志,2004c(10):947-950.

兰凤利. 论译者主体性对《黄帝内经·素问》英译的影响[J]. 中华医史杂志,2005a(2):74-78.

兰凤利.《黄帝内经·素问》英译事业的描述性研究(2)[J]. 中国中西医结合杂志,2005b(21):176-180.

兰凤利. 中医名词术语英译标准的哲学思考[J]. 中医药理论研究,2010(7):72-73.

老子. 道德经[M]. 北京:外语教学与研究出版社,1999.

雷燕,施蕴中. 译者主体性对《黄帝内经·素问》译文的影响[J]. 江西中医学院学报,2007(6):84-86.

黎难秋. 中国科学文献翻译史稿[M]. 合肥:中国科学技术大学出版社,1993.

黎难秋. 中国科学翻译史料[M]. 合肥:中国科学技术大学出版社,1996.

黎难秋. 中国科学翻译史[M]. 合肥:中国科学技术大学出版社,2006.

李斌. 如何衡量中国对世界文明的贡献[EB/OL]. [2017-2-28]. http://zaobao. wencui/politic/story20170228-730126.

李春泰,等. 墨子科学技术思想研究[M]. 北京:中国社会科学出版社,2015.

李国山,等. 欧美哲学通史[M]. 天津:南开大学出版社,2008.

李海军. 18世纪以来《农政全书》在英语世界译介与传播简论[J]. 燕山大学学报(哲学社会科学版),2017(6):33-37+43.

李惠红. 翻译学方法论[M]. 北京:国防工业出版社,2010.

李民,王健. 尚书译注[M]. 上海:上海古籍出版社,2004.

李明. 从主体间性理论看文学作品的复译[J]. 外国语,2006(4):66-72.

李磊. "草兹"与"兹草"[J]. 中医药文化,1985(3):41.

李婧. 中国古代科技与人文结合的典范:当代美学视野中的张衡[D]. 山东师范大学博士学位论文,2010.

李清良. 中国阐释学[M]. 长沙:湖南师范大学出版社,2001.

李申. 中国古代哲学和自然科学[M]. 上海:上海人民出版社,2002.

李曙华. 周易象数算法与象数逻辑——中国文化之根探源的新视角[J].

杭州师范大学学报(社会科学版),2008(3):10-17.
李曙华.两种思维方式下的中西文化与科学[J].杭州师范大学学报(社会科学版),2009(2):12-17.
李小博,朱丽君.科学修辞学的理论源泉[J].齐鲁学刊,2006(1):74-78.
李心机.中医学气论诠释[J].中国医药学报,1995(5):18-21.
李亚舒,黎难秋.中国科学翻译史[M].长沙:湖南教育出版社,2000.
李约瑟.中国科学技术史:科学思想史[M].何兆武,译.北京:科学出版社,1990.
李约瑟.中国古代科学思想史[M].陈立夫,等译.南昌:江西人民出版社,2006.
李章印.自然科学如何是诠释学的[J].自然辩证法通讯,2006(6):45-50+61+112.
李照国.论中医名词术语的翻译原则[J].上海科技翻译,1996(3):31-33.
李照国.《黄帝内经》的修辞特点及其英译研究[J].中国翻译,2011(5):69-73.
利科.解释学与人文科学[M].陶远华,等译.石家庄:河北人民出版社,1987.
利科.从文本到行动[M].夏小燕,译.上海:华东师范大学出版社,2015.
梁杏,兰凤利.基于隐喻认知的脉象术语英译研究[J].中国中西医结合杂志,2014(6):760-763.
廖七一.当代西方翻译研究原典选读[M].北京:外语教学与研究出版社,2010.
廖小平.试论中西方传统哲学认识论的基本判别[J].晋阳学刊,1994(2):38-44.
廖志阳.《墨子》英译概观[J].中南大学学报(社会科学版),2013(2):232-236.
林巍."哲学理念"与"科学概念"间的梳理与转述——中医翻译的一种基本认识[J].中国翻译,2009(3):64-68+96.

林振武.中国传统科学方法论探究[M].北京:科学出版社,2009.
刘邦凡.论推类逻辑与中国古代天文学[M]//周山主编.中国传统思维方法研究.上海:学林出版社,2010.
刘长林.内经的哲学和中医学的方法[M].北京:科学出版社,1982.
刘长林.中国象科学观:易、道与兵、医[J].北京:社会科学文献出版社,2007.
刘长林.关于中国象科学的思考——兼谈中医学的认识论实质[J].杭州师范大学学报(社会科学版),2009(2):4-11.
刘大椿,刘劲杨.科学技术哲学经典研读[M].北京:中国人民大学出版社,2011.
刘景山.中国古代哲学本体论的基本模式[J].孙万智,译.理论探讨,1994(4):107-108.
刘明明.中国古代推类逻辑研究[M].北京:北京师范大学出版社,2012.
刘宓庆.翻译与语言哲学[M].北京:中国对外翻译出版公司,2007.
刘娜,王娜,张婷婷,等.《黄帝内经》英译概述[J].亚太传统医药,2014(11):2-3.
刘宁.中医藏象学说基本术语英译标准的对比研究[D].辽宁中医药大学博士学位论文,2012.
刘蔚华.方法论辞典[Z].南宁:广西人民出版社,1988.
刘晓雪.基于语料库及互文计算的茶典籍互文研究[D].大连理工大学硕士学位论文,2009.
刘笑敢."反向格义"与中国哲学研究的困境——以老子之道的诠释为例[J].南京大学学报(哲学·人文科学·社会科学),2006(2):76-90.
刘性峰,王宏.中国科技典籍翻译研究:现状与展望[J].西安外国语大学学报,2017(4):67-71.
刘亚猛.诠释与修辞[J].福建师范大学学报(哲学社会科学版),2006(5):23-28.
刘迎春,王海燕.关于近20年中国科技典籍译介研究的几点思考——传播学的理论视角[J].燕山大学学报(哲学社会科学版),2017(6):

24－32.

刘之静.中国哲学诠释学何以可能——兼论中国哲学本体论特征与诠释方法[J].社会科学评论,2006(3):52－58.

陆耿.文化典籍《淮南子》的传播及其资源开发[J].中国石油大学学报(社会科学版),2011(3):71－77.

陆朝霞.中国古代农业术语汉英翻译研——以任译本《天工开物》为例[D].大连海事大学硕士学位论文,2012.

罗杰斯.传播学史:一种传记式的方法[M].殷晓蓉,译.上海:上海译文出版社,2012.

罗思文,安乐哲.生民之本《孝经》的哲学诠释及英译[M].何金俐,译.北京:北京大学出版社,2010.

马佰莲.论中国传统科技的人文精神[J].文史哲,2004(2):44－48.

马世品,张涛光.中国古代科学技术常用的逻辑方法[J].广西民族学院学报(社会科学版),1989(3):5－11.

马祖毅.中国翻译通史[M].武汉:湖北教育出版社,2006.

马祖毅,任荣珍.汉籍外译史[M].武汉:湖北教育出版社,2003.

麦克法兰.给四月的信:我们如何知道[M].马啸,译.北京:生活·读书·新知三联书店,2015.

毛嘉陵.中医文化传播学[M].北京:中国中医药出版社,2014.

梅阳春.科技典籍英译——文本、文体与翻译方法的选择[J].上海翻译,2014(3):70－74.

蒙培元.中国哲学主体思维[M].北京:人民出版社,1993.

孟庆刚.中医学科学方法特征与沿革[M].北京:科学出版社,2011.

苗兴伟,穆军芳.批评话语分析的马克思主义哲学观和方法论[J].当代语言学,2016(4):532－543.

莫兰.复杂性思想导论[M].陈一壮,译.上海:华东师范大学出版社,2008.

牛喘月.说与旁人浑不解,杖藜携酒看芝山——再谈《黄帝内经》英语翻译的方法问题[J].中西医结合学报,2005(2):160－164.

牛秋业. 不可通约——费耶阿本德的科学哲学研究[M]. 北京:光明日报出版社,2010.
欧阳东峰,穆雷. 论译者的主体策略——李提摩太《西游记》英译本研究[J]. 外语与外语教学,2017(1):114-121.
帕尔默. 诠释学[M]. 潘德荣,译. 北京:商务印书馆,2012.
潘德荣. 诠释学导论[M]. 桂林:广西师范大学出版社,2015.
潘天华.《梦溪笔谈》条目属性研究[J]. 镇江高专学报,2008(4):1-6.
皮尔斯. 论符号[M]. 赵星植,译. 成都:四川大学出版社,2014.
彭启福. 理解之思——诠释学初论[M]. 合肥:安徽人民出版社,2005.
彭启富,牛文君. 伯艾克语文学方法论诠释学述要[J]. 哲学动态,2011(10):51-56.
彭漪涟. 冯契辩证逻辑思想研究[M]. 上海:华东师范大学出版社,1999.
钱广华,张能为,温纯如. 近现代西方本体论学说之流变[M]. 合肥:安徽大学出版社,2001.
齐泽克. 视差之见[M]. 季光茂,译. 杭州:浙江大学出版社,2014.
齐振海. 认识论探索[M]. 北京:北京师范大学出版社,2008.
邱鸿钟. 中医的科学思维与认识论[M]. 北京:科学出版社,2011.
邱玏. 中医古籍英译历史的初步研究[D]. 中国中医科学院博士学位论文,2011.
裘姬新. 从独白走向对话——哲学诠释学视角下的文学翻译研究[M]. 杭州:浙江大学出版社,2009.
任继愈. 中国哲学发展史(秦汉)[M]. 北京:人民出版社,1985.
任荣政,丁年青. 音译法在中医英译中的应用原则与策略[J]. 中国中西医结合杂志,2014(7):873-878.
任秀玲.《黄帝内经》建构中医药理论的基本范畴——气(精气)[J]. 中华中医药杂志,2008(1):53-55.
荣伟群,庄国强. 浅析《墨经》中的观察实验法[J]. 管子学刊,1996(1):47-50.
尚杰. 从中西语言的差异追溯中西哲学的差异[M]//王树人. 中西文化比

较与会通研究. 上海:复旦大学出版社,2014.
邵长杰. 墨子科技思想中的人文关怀[N]. 中国文化报,2012-12-4(3).
申咏秋,鲁兆麟.《黄帝内经》的医学人文精神探析[J]. 中国医学伦理学,2006(6):108-109.
沈健. 科学方法论的演化[J]. 河池学院学报,2008(6):8-13.
沈括. 梦溪笔谈[M]. 上海:上海书店出版社,2009.
沈丕安.《黄帝内经》学术思想阐释[M]. 北京:人民军医出版社,2014.
沈清松. 科技、人文与文化发展[M]. 武汉:武汉大学出版社,2014.
沈清松. 从利玛窦到海德格尔[M]. 上海:华东师范大学出版社,2016.
沈晓华. 论中医方剂名称英译中文化意象的失落与传递[J]. 中国中西医结合杂志,2012(11):1571-1575.
沈有鼎. 墨经的逻辑学[M]. 北京:中国社会科学出版社,1982.
施泰格缪勒. 当代哲学主流[M]. 王炳文,等译. 北京:商务印书馆,1986.
施雁飞. 科学解释学[M]. 长沙:湖南出版社,1991.
石里克. 普通认识论[M]. 李步楼,译. 北京:商务印书馆,2005.
宋晓春. 论翻译中的主体间性[J]. 外语学刊,2006(1):89-92.
宋哲民. 知识存在论纲要[M]. 上海:学林出版社,2013.
孙琴,等.《黄帝内经·素问》中虚词英译规律探析[J]. 辽宁中医药大学学报,2012(6):125-128.
孙铁骑. 内道外儒:鞠曦思想述要[M]. 北京:中国经济出版社,2014.
孙小礼,韩增禄,傅杰青. 科学方法(上册)[M]. 北京:知识出版社,1990.
孙诒让. 墨子间诂[M]. 北京:中华书局,2001.
孙艺风. 文化翻译[M]. 北京:北京大学出版社,2016.
孙正聿. 哲学通论[M]. 上海:复旦大学出版社,2007.
孙中原.《墨经》的逻辑成就[J]. 中国人民大学学报,1990(3):53-59.
孙中原. 墨家辩证思维方法论[J]. 重庆工学院学报,2006(3):6-12.
孙中原. 论墨学的人文内涵[J]. 职大学报,2008(1):1-4.
孙中原. 墨学七讲[M]. 北京:中国人民大学出版社,2014.
唐明邦. 象数思维管窥[J]. 周易研究,1998(4):52-57.

唐韧.中医跨文化传播:中医术语翻译的修辞和语言挑战[M].北京:科学出版社,2015.
特雷西.诠释学・宗教・希望[M].冯川,译.上海:上海三联书店,1998.
田方林.狄尔泰生命解释学与西方解释学本体论转向[M].西安:西安交通大学出版社,2009.
田松.科学话语权的争夺及策略[J].读书,2001(9):31-39.
童恒萍.墨家与中国古代科技思想[D].华南师范大学博士学位论文,2006.
汪奠基.中国逻辑思想史[M].武汉:武汉大学出版社,2012.
汪堂家.文本、间距化与理解的可能性——对利科"文本"概念的批判性解释[C]//陈祥明编.诠释学的理论与实践.合肥:安徽人民出版社,2013.
王宾.翻译与诠释[M].上海:上海外语教育出版社,2006.
王彬.构建中国出版物"走出去"的赞助人体系——以中医典籍《黄帝内经》"走出去"为例[J].出版发行,2014(12):32-34.
王冰.《黄帝内经・素问》[M].北京:中国医药科技出版社,2016.
王宏.《墨子》英译对比研究[J].解放军外国语学院学报,2006(6):55-60.
王宏.《梦溪笔谈》译本翻译策略研究[J].上海翻译,2010(1):18-22.
王宏.《墨子》英译比读及复译说明[J].上海翻译,2013(2):57-61.
王克喜.古代汉语与中国古代逻辑[M].天津:天津人民出版社,2000.
王明强,张稚鲲,高雨.中国中医文化传播史[M].北京:中国中医药出版社,2015.
王琦.取象运数的象数观[J].中华中医药杂志,2012a(2):410-411.
王琦.关于中医原创思维模式的研究[J].北京中医药大学学报,2012b(3):160-164.
王前.中国传统科学中"取象比类"的实质和意义[J].自然科学史研究,1997(4):297-303.
王前."道""技"之间:中国文化背景的技术哲学[M].北京:人民出版社,

2009.

王巧慧. 淮南子的自然哲学思想[M]. 北京:科学出版社,2009.

王树人. 回归原创之思:"象思维"视野下的中国智慧[M]. 南京:江苏人民出版社,2012.

王晓玲. 生态翻译视角下《黄帝内经·素问》英译研究[D]. 四川外国语大学硕士学位论文,2014.

王晓毅. "天地""阴阳"易位与汉代气化宇宙论的发展[J]. 孔子研究,2003(4):83-90.

王文斌. 隐喻的认知构建与解读[M]. 上海:上海外语教育出版社,2007.

王忻玥. 学术交流中的中医学英译启示——《黄帝内经》李照国英译版赏析[J]. 中国科技翻译,2012(4):36-39.

王星科,张斌. 互文性视角下《黄帝内经》两个译本的跨文化翻译[J]. 中医药导报,2015(2):104-106.

王银泉,周义斌,周冬梅. 中医英译研究回顾与思考(1981—2010)[J]. 西安外国语大学学报,2014(4):105-112.

王玉兴. 黄帝内经·素问三家注[M]. 北京:中国中医药出版社,2013.

王岳川. 现象学与解释学文论[M]. 济南:山东教育出版社,1999.

王晓东. 多维视野中的主体间性理论形态考辨[D]. 黑龙江大学博士学位论文,2002.

王治梅,张斌. 从阐释翻译论看《黄帝内经》省略辞格的英译[J]. 中西医结合学报,2010(11):1097-1100.

温公颐. 先秦逻辑史[M]. 上海:上海人民出版社,1983.

文娟,蒋基昌.《黄帝内经》英译研究进展[J]. 辽宁中医药大学学报,2013(7):260-262.

沃恩克. 伽达默尔——诠释学、传统和理性[M]. 洪汉鼎,译. 北京:商务印书馆,2009.

吴凤鸣. 我国科技翻译的历史回顾[J]. 中国科技翻译,1992(1):34-40.

吴礼权. 修辞心理学[M]. 昆明:云南人民出版社,2002.

吴艳萍. 系统功能语法对古汉语文献英译的指导作用——以《梦溪笔谈》

英译为例[D]. 中央民族大学硕士学位论文,2013.
吴银平,王伊梅,张斌.《黄帝内经》语篇顺序相似性与翻译的连贯性[J]. 中华中医药杂志,2015(1):246-249.
武光军. 翻译即诠释——论保罗·利科的翻译哲学[J]. 中国翻译,2008(3):16-19.
吾淳. 中国古代科学范型——从文化、思维和哲学的角度考察[M]. 北京:中华书局,2002.
西风. 阐释学翻译观在中国的阐释[J]. 外语与外语教学,2009(3):56-60.
席泽宗."淮南子·天文训"述略[J]. 科学通报,1962(6):35-39.
席泽宗. 科学史十论[M]. 上海:复旦大学出版社,2003.
夏锡华. 翻译过程中的主体间性[J]. 国外理论动态,2007(5):59-62.
夏甄陶. 中国认识论思想史稿(上卷)[M]. 北京:中国人民大学出版社,1992.
向世陵. 中国哲学的"本体"概念与"本体论"[J]. 哲学研究,2010(9):47-56.
谢清果. 管子的科技思想[M]. 北京:科学出版社,2004.
谢清果. 中国科学文化与科学传播研究[M]. 厦门:厦门大学出版社,2011.
谢天振. 中西翻译简史[M]. 北京:外语教学与研究出版社,2009.
谢天振. 比较文学与翻译研究[M]. 上海:复旦大学出版社,2011.
谢维营. 本体论的"本义"与"转义"[J]. 烟台大学学报,2008(4):1-8.
谢云才. 文本意义的诠释与翻译[M]. 上海:上海外语教育出版社,2011.
邢玉瑞.《黄帝内经》理论与方法论[M]. 西安:陕西科学技术出版社,2005.
邢玉瑞. 中医思维方法[M]. 北京:人民卫生出版社,2010.
邢兆良. 中国传统科学思想研究[M]. 南昌:江西人民出版社,2001.
徐希燕. 墨学研究——墨子学说的现代诠释[M]. 北京:商务印书馆,2001.

徐朝友.阐释学译学研究:反思与建构[M].南京:南京大学出版社,2013.
徐月英,谷峰,王喜涛.《黄帝内经》象、数、理思维模式[M].北京:北京师范大学出版社,2012.
许明武,王烟朦.中国科技典籍英译研究(1997—2016):成绩、问题与建议[J].中国外语,2017(2):96-105.
许萍.中国茶文化英译研究[D].曲阜师范大学硕士学位论文,2013.
许威汉.训诂学教程[M].北京:北京大学出版社,2003.
许倬云.中国古代文化的特质[M].厦门:鹭江出版社,2016.
薛凤.工开万物——17世纪中国的知识与技术[M].吴秀杰,白岚玲,译.南京:江苏人民出版社,2015.
薛公忱.中医文化溯源[M].南京:南京出版社,1993.
薛俊梅.论医古文比喻辞格的翻译[J].中国科技翻译,2008(1):39-41.
亚里士多德.形而上学[M].吴寿彭,译.北京:商务印书馆,1959.
闫春晓.文本类型理论视角下的《梦溪笔谈》英译策略研究[J].上海理工大学学报(社会科学版),2014(1):12-17.
杨春时.文学理论:从主体性到主体间性[J].厦门大学学报(哲学社会科学版),2002(1):17-24.
杨俊光.墨经研究[M].南京:南京大学出版社,2002.
杨柳.交互主体性VS主体性:全球化语境下的译本整合形态[J].外语与外语教学,2003(9):39-43.
杨乃乔.中国经学诠释学及其释经的自解原则——论孔子"述而不作,信而好古"的独断论诠释学思想[J].中国比较文学,2015(2):2-37.
杨沛荪.中国逻辑思想史教程[M].兰州:甘肃人民出版社,1998.
杨武金.墨经逻辑研究[M].北京:中国社会科学出版社,2004.
杨秀菊.赫尔墨斯的远眺:科学诠释学元理论探析[M].北京:中国社会科学出版社,2014.
姚满林.利科文本理论研究[M].北京:社会科学文献出版社,2014.
叶子南.认知隐喻与翻译实用教程[M].北京:北京大学出版社,2013.
伊格尔顿.文学事件[M].阴志科,译.郑州:河南大学出版社,2017.

殷丽. 国外学术出版社在我国科技类典籍海外传播中的作用——以美国两家学术出版社对《黄帝内经》的出版为例[J]. 出版发行研究,2017a(4):87-90.
殷丽. 中医药典籍国内英译本海外接受状况调查及启示——以大中华文库《黄帝内经》英译本为例[J]. 外国语,2017b(5):33-43.
余光中. 翻译乃大道[M]. 北京:外语教学与研究出版社,2014.
约翰逊. 伽达默尔[M]. 何卫平,译. 北京:中华书局,2014.
蔚利工. 朱子经典诠释思想研究[M]. 北京:中国社会科学出版社,2013.
喻承久. 中西认识论视域融合之思[M]. 北京:人民出版社,2009.
俞宣孟. 本体论研究(第三版)[M]. 上海:上海人民出版社,2012.
袁保新. 从海德格尔、老子、孟子到当代新儒学[M]. 武汉:武汉大学出版社,2011.
袁运开. 中国古代科学技术发展历史概貌及其特征[J]. 历史教学问题,2002(6):22-28.
乐爱国. 中国传统文化与科技[M]. 桂林:广西师范大学出版社,2006.
曾近义,张涛光. 中西科学技术思想比较[M]. 广州:广东高等教育出版社,1993.
曾振宇. 中国气论哲学研究[M]. 济南:山东大学出版社,2001.
扎哈维. 胡塞尔现象学[M]. 李忠伟,译. 上海:上海译文出版社,2007.
赵阳,施蕴中.《素问》音韵英译研究[J]. 中西医结合学报,2009(4):389-391.
詹剑峰. 墨家的形式逻辑[M]. 武汉:湖北人民出版社,1979.
张长明.《墨辩》"三物"新解[J]. 湘潭大学学报(哲学社会科学版),2008(2):129-132.
张昌盛. 自然科学现象学——先验主体间性现象学视野中的科学[M]. 北京:中国社会科学出版社,2015.
张岱年. 中国古代本体论的发展规律[J]. 社会科学战线,1985(3):52-60.
张岱年,程宜山. 中国文化精神[M]. 北京:北京大学出版社,2015.

张登本.《淮南子》与《黄帝内经》的理论建构[J]. 陕西中医学院学报,2012(4):1-8.

张东荪. 认识论[M]. 北京:商务印书馆,2011.

张恩慈. 认识论原理[M]. 武汉:湖北人民出版社,1986.

张弓. 现代汉语修辞学[M]. 天津:天津人民出版社,1963.

张广奎. 论哲学诠释学视角下的翻译诠释的读者化[J]. 外语教学,2008(4):91-94.

张隆溪. 道与逻各斯[M]. 南京:江苏教育出版社,2006.

张汨,文军. 中国科技典籍英译本概况探究:现状与建议[J]. 语言教育,2014(4):57-60.

张其成. 中医象数思维[M]. 北京:中国中医药出版社,2016a.

张其成. 中医哲学基础[M]. 北京:中国中医药出版社,2016b.

张冉,姚欣.《黄帝内经》句式整齐辞格英译研究[J]. 时珍国医国药,2013(1):221-223.

张冉,赵雪丽,张鑫. 从翻译美学来看《黄帝内经》顶真辞格的英译[J]. 山西中医学院学报,2014(3):75-77.

张慰丰. 中西医文化的撞击[M]. 南京:南京出版社,2013.

张西平. 中国和意大利——两大文明古国的交往[M]//张西平,马西尼,斯卡尔德志尼. 把中国介绍给世界:卫匡国研究. 上海:华东师范大学出版社,2012:序言 14.

张祥龙. 概念化思维与象思维[J]. 杭州师范大学学报(社会科学版),2008(5):3-8+59.

张晓梅. 翻译批评原则的诠释学研究——以伽达默尔哲学诠释学为中心的探讨[D]. 山东大学博士学位论,2013.

张戍敏. 解构主义翻译理论视域下的《黄帝内经·素问》翻译[D]. 华北电力大学硕士学位论文,2011.

张雅君. 阐释学与译者主体性[J]. 群文天地,2008(10):61-62.

张一兵. 构境论:不以他人的名义言说——张一兵访谈录[M]. 北京:北京师范大学出版社,2016.

张志伟.形而上学读本[M].北京:中国人民大学出版社,2010.
赵博.气一元论与《内经》气化理论形成的探讨[J].陕西中医,2007(1):70-73.
赵锭华.中西本体论的差异与融通[J].江西社会科学,2015(12):18-22.
赵乐静.技术解释学[M].北京:科学出版社,2009.
赵阳,施蕴中.《素问》音韵英译研究[J].中医英译,2009(4):389-391.
赵毅衡.趣味符号学[M].重庆:重庆大学出版社,2015.
郑侠,冯丽妍,高福佳.描述视域学视角下的《墨子》三英译本研究[J].河北联合大学学报(社会科学版),2013(3):83-87.
郑侠,宋娇.《墨子》的修辞特点及其英译[J].河北联合大学学报(社会科学版),2015,(1):104-107.
中国逻辑史研究会资料编写组.中国逻辑史资料选:先秦卷[M].兰州:甘肃人民出版社,1985.
中国逻辑史研究会资料编写组.中国逻辑史资料选:汉至明卷[M].兰州:甘肃人民出版社,1981.
周才珠,齐瑞瑞.墨子全译[M].贵阳:贵州人民出版社,2009.
周冬梅.顺应论视域下的《黄帝内经》中医文化负载词的翻译[J].浙江中医药大学学报,2012(10):1139-1141.
周瀚光.中国古代科学方法研究[M].上海:华东师范大学出版社,1992.
周济.中西科学思想比较研究[M].厦门:厦门大学出版社,2010.
周立斌.比类取象、直观外推的传统思维方法[J].长白学刊,1996(5):26-27.
周山.中国传统思维方法研究[M].上海:学林出版社,2010.
周云之.中国逻辑史[M].太原:山西教育出版社,2004.
周云之,刘培育.先秦逻辑史[M].北京:中国社会科学出版社,1984.
朱德生,冒从虎,雷永生.西方认识论史纲[M].南京:江苏人民出版社,1983.
朱广荣.试论中国古代科技哲学及其本体范畴[J].燕山大学学报(哲学社会科学版),2001(2):15-19.

朱汉民.经典诠释与义理体认——中国哲学建构历程片论[M].北京:新星出版社,2015.

朱健平.翻译即解释:对翻译的重新界定——哲学诠释学的翻译观[J].解放军外国语学院学报,2006(2):69-74.

朱健平.翻译:跨文化解释——哲学诠释学与接受美学模式[M].长沙:湖南人民出版社,2007.

朱利安.功效:在中国与西方思维之间[M].林志明,译.北京:北京大学出版社,2013.

朱志凯.墨经中的逻辑学说[M].成都:四川人民出版社,1988.

庄雅洲.论考释《尔雅》草木虫鱼鸟兽之方法[C]//郑吉雄、张宝三编.东亚传世汉籍文献译解方法初探.上海:华东师范大学出版社,2008.

索　引